KB239836

미래 지향적인
한·일 해군협력

KSi 한국학술정보(주)

미래 지향적인
한·일 해군협력

임한규 지음

KSi 한국학술정보(주)

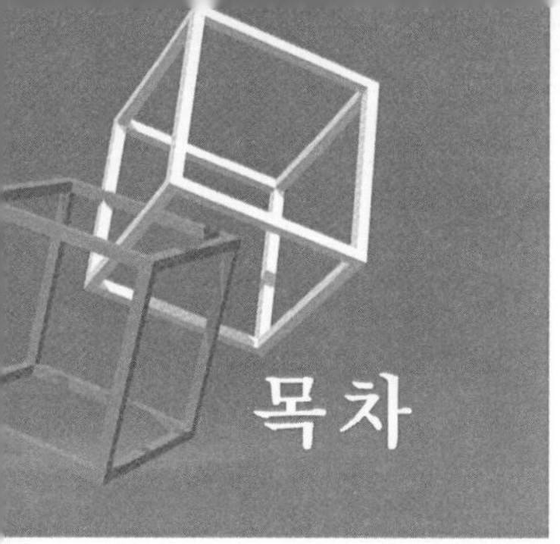

목차

ADD	Agency for Defense Development	국방과학연구소
ADIZ	Air Defense Identification Zone	방공식별구역
ARF	ASEAN Regional Forum	아세안지역 안보포럼
ASROC	Anti-submarine Rocket	대잠로켓
ASW	Anti-submarine Warfare	대잠수함전
BMD	Ballistic Missile Defense	탄도미사일 방어
C^4I	Command, Control, Communication, Computers and Intelligence	지휘, 통제, 통신, 컴퓨터 및 정보
C^4ISR	C4I+Surveillance and Reconnaissance	C4I+ 감시 및 정찰
CG	Center of Gravity	중심(重心)
CIWS	Close-In Weapon System	근접방어무기체계
EBO	Effects Based Operation	효과 기반작전
ECM	Electronic Counter Measure	전자대응장비(책)
GPR	Global Defense Posture Review	해외주둔미군 재배치 구상
GDP	Gross Domestic Product	국내총생산
KADIZ	Korean Air Defense Identification Zone	한국방공식별구역
KDX	Korean Destroyer New Design	한국형 구축함
LCAC	Landing Craft Air Cushion	공기부양상륙정
LPH	Amphibious Ship Transport Helicopter	대형 수송함
LST	Landing Ship Tank	대형 상륙함
LSF	Landing Ship Fast	고속 상륙정
MD	Missile Defense	미사일방어
NCW	Network Centric Warfare	네트워크 중심 작전
PGM	Precision Guided Munitions	정밀유도무기
PKM	Patrol Boat Killer Medium	중형고속정
SAM	Surface to Air Missile	지대공미사일
SSM	Surface to Surface Missile	지대지 유도탄
SLOC	Sea Line of Communication	해상교통로
KTO	Korea Theater of Operation	한국방공작전구역
VLS	Vertical Launch System	수직발사 체계

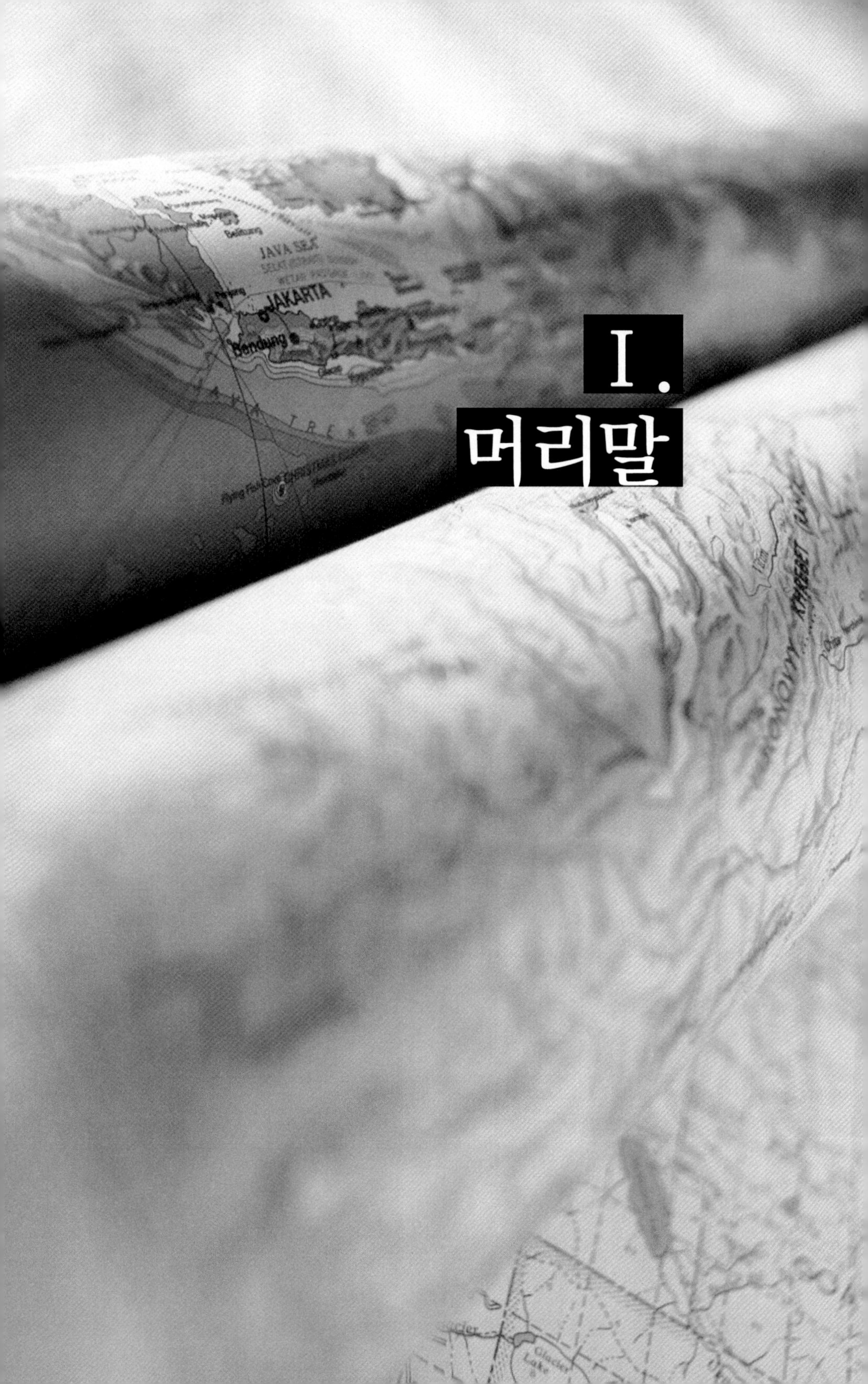

I.
머리말

역사적으로 한국과 일본은 숙명적인 관계라고 할 수 있다. 지정학
적으로나 역사적으로나 일본은 한민족의 흥망성쇠에 지대한 영향을
미쳐 왔다. 일본에게 주권을 빼앗기고 불행했던 근대의 역사는 말할
나위도 없지만, 해방 이후에도 일본은 한국의 존재양식을 규정하는
중대한 외부 요소로 작용해 왔다. 세계화, 정보화의 급속한 흐름과 더
불어 지역주의의 위세가 맹위를 떨치고 있는 21세기에도 한국에서
일본이란 변수가 갖는 중요성은 아무리 강조해도 지나치지 않을 것
이다. 그럼에도 불구하고 해방 후 반세기가 지나도록 한·일 양 국민
은 서로 좋지 않은 감정을 가지고 지내 온 것이 사실이다. 그 근본원
인은 한·일 간 갈등의 역사와 과거 역사에 대한 상호인식 문제에 있
다.[1] 한국인의 반일(反日)감정은 일본의 침략과 식민통치에서 기인하
였으며, 이에 대한 일본의 형식적인 사과와 '식민통치은혜론'[2] 등에
서 증폭되어 왔다. 따라서 한국 측은 민족감정을 가지고 진정한 사과
와 반성을 계속 추궁하여 왔고, 일본 측도 민족감정으로 이에 대응하

---

1) 이제까지 한·일 관계 연구자들은 대부분 상대국을 배려하지 않고 자국의 입장만을 옹호하는 글을 써서 한·
   일 양국의 과거청산에 별다른 도움을 주지 못했다(유영렬 2006.1.).

2) 일본은 과거 그들의 지배하에 있던 한국과 대만이 전후에 일본과 밀접한 관계를 가지고 경제성장을 이룩하
   고 있는 것에 착안하여, 두 나라가 아시아에서 신흥 산업국에 도달하게 된 것은 과거 일본의 식민지였기 때
   문이며 결과적으로 한국과 대만에 은혜를 베풀었다는 주장을 말함(조선일보 1995.10.20.).

여 왔다. 그 결과 한·일 관계는 양국 국민의 민족감정에 의한 공방이 지속됨에 따라 양국 간의 과거문제는 해결되지 않은 상태로 남아 있다. 따라서 한·일 관계는 1965년 국교정상화3) 이후에도 양적으로나 질적으로 양국 관계가 성장해 왔음에도 불구하고 정상적인 국가 관계의 틀을 갖추지 못하고 있는 여러 분야들이 존재하게 된 것이다. 이와 같은 양국 관계를 흔히 '가깝고도 먼 나라 일본'으로 표현하고 있는데 가깝다는 것은 일본이 지리적 측면에서 상호 관계를 가질 수밖에 없었던 필연성을 의미하며, 멀다는 것은 한국인의 의식에 잔존하고 있는 부정적인 역사인식으로 인한 거리감이라 할 수 있다. 부정적 인식으로 인하여 한·일 양국 관계는 국가 간의 긴밀성을 나타내는 중요한 척도 중의 하나인 군사 분야의 경우 다른 분야의 교류에 비하여 상대적으로 제한되어 있는 실정이다.4)

양국 관계 개선에 큰 장애가 되어 온 부정적 역사 인식 문제는 탈냉전 이후 모든 국가들이 이데올로기나 역사적인 인식보다는 현재와 미래의 국익에 우선하여 국제관계를 형성하는 추세와는 대비되는 현상이다. 즉 한 국가의 장래를 좌우하는 문제는 감정적 입장보다는 현실적 입장을 우선해야 하는 것이 대세이다. 이와 같은 선례는 동서양을 막론하고 나타나는 현상이다. 나폴레옹전쟁 당시에 누구도 영국과 프랑스가 협력하리라고는 예측하지 못했으며, 18세기 미국 독립전쟁 당시에는 영국과 미국이 동맹을 맺는 날이 오리라고 아무도 예상하

---

3) 1964년 6월 22일, 국교수립 관계를 맺은 '대한민국과 일본국 간의 기본관계에 관한 조약'(기본조약)과 ① 청구권·경제협력에 관한 협정 ② 어업에 관한 협정 ③ 재일교포의 법적 지위와 대우에 관한 협정 ④ 문화재·문화협력에 관한 협정의 4협정이 도쿄(東京)에서 조인되어, 기본조약은 같은 해 12월에 효력을 발휘했다(http://k.daum.net/qna/openknowledge/view.html?category_id: 검색일 '09.7.20.).
4) 김동주, "한·일 안보협력방안에 관한 연구" 「정책보고서」, 국방대, 2001, p.1.

지 못했다. 또 제1, 2차 세계대전 당시 독일과 프랑스의 처절한 상호 적대의 역사를 목도한 사람들은 전후에 두 나라가 서로 협력하게 되리라고는 생각하지 못했을 것이다. 태평양전쟁 당시까지만 해도 서로를 괴멸시키려 했던 미·일 관계가 오늘날처럼 지구상에서 가장 가까운 동맹관계로 발전할 줄은 아무도 몰랐다.[5] 인도차이나 전쟁에서 적대국이었던 미국과 베트남이 중국의 패권주의를 견제하기 위해 전면적인 군사협력을 합의했다.[6] 역사적으로 국제관계는 서로 적대적이었다가도 협력관계로 변할 수 있다는 것을 보여 주고 있다. 그러므로 한·일 간의 과거사 문제도 결코 극복할 수 없는 장애물은 아니다.

2002년 한·일 월드컵 공동개최를 앞둔 2001년 12월, 아키히도(明仁) 일본천황은 "나 자신은 간무천황(桓武 제50대 일왕)의 생모가 백제 무령왕의 자손이라고 『속일본기』[7]에 기록돼 있는 사실에 한국과의 연(緣)을 느낀다."라고 말해 스스로 천황가의 혈통과 한국의 인연을 밝힌 바 있다. 이는 일본 천황가가 한국에 대해 특별한 관심을 표명했다고 볼 수 있는 것이다.[8] 2005년 한때 일본의 '다케시마(竹島)의 날' 조례안 제정 등으로 불편한 관계가 있었지만 이명박 정권에서는 상호 관계 발전을 위해 노력하고 있다. 2008년 10월 24일 이명박 대통령과 아소다로(麻生太郎) 전 총리는 베이징 정상회담에서 '한·일 관계의 성숙한 파트너십' 공동발표를 하면서 '긴밀한 관계를 유지하

---

5) 미국은 2008년 9월 태평양, 인도양을 담당하는 1군단사령부를 일본 자마(座間)지역으로 이전하여 2012년까지 일본 육상자위대와 미·일 공동사령부의 기능을 갖게 되며, 공군도 공자대의 항공 총사령부를 미국 5공군 사령부가 위치한 요코다(橫田)기지에 공동미사일방어(MD)를 위한 공동운용지휘소를 설치하는 등 양국은 동맹의 수준을 넘어서 군사 Block화 형태로 진행 중임(배정호 2006, 264. 국방부 2008, 15).

6) 신우용. 「한·일 안보동맹—새로운 한·일 관계를 향하여—」(서울: 양서각, 2006). pp.7~8.

7) 백제 태생의 일본 학자 Sugano Mamichi(管野眞道: 741~841)는 근구수왕의 후예로, 간무(桓武) 천황의 칙명에 따라 나라(奈良)시대의 정사(正史)를 편년체로 40권을 수선함(위키백과).

8) 신우용. 「한·일 안보동맹—새로운 한·일 관계를 향하여—」. pp.5~6.

여 한 차원 높은 협력관계로 발전시키자'는 입장을 공식화한 바 있다.[9] 특히 2009년 8월 30일 치러진 일본 총선에서 민주당의 압승은 양국 관계 발전에 호재로 평가되고 있다.[10] 민주당은 한국 등 동아시아 국가들과의 관계를 중시한다는 입장을 분명히 하고 있으며 양국 관계의 화근이 돼 왔던 신사참배 반대를 명확히 하는 등 과거사 관련 사안에서 주변국의 입장을 배려하고 있기 때문이다.

또한 한·일 양국은 새로운 안보환경에 대비하여 한 단계 발전된 협력관계를 구축해야 할 시점에 와 있다. 일본은 탈냉전 이후 북한 핵 및 장거리미사일 등 새로운 안보위협이 대두됨에 따라 미·일 안보협력 강화를 통해 보통국가로서의 위상을 회복하려는 노력을 지속해 왔다. 이러한 정책방향은 미국의 동북아에서의 일본 역할 분담 의도와 일치하며, 결국 1997년 9월 미·일 신방위협력지침[11](이하 신지침)으로 이를 구체화하였다. 일본 해상자위대가 신지침에 언급된 한반도 유사시 한국과 관련된 7개 항목[12]을 실행하기 위해서는 한국작전구역(KTO)[13] 내에서 한·미 연합사 전력과 공동작전을 수행할 수밖에 없다. 또한 장거리 정밀타격 개념으로 전역(戰域)이 확장된 현대

---

9) 「조선일보」. 2008년 10월 25일.

10) 54년 만에 정권교체로 자민당에서는 아시아 중시정책을 분명히 하고 있으며 특히 과거사 문제에 대해 주변국에 상처를 주지 않아야 한다는 입장을 취하고 있다. 또한 주로 자민당 우파 정치인들에게 많았던 역사문제와 관련된 망언도 민주당 정권에서는 잠잠할 것이라는 기대도 이 같은 기류에서다(중앙일보 2009.8.31.).

11) 1996년 미·일 공동안보선언에 기초하여 그 후속조치로 기존의 '미·일 방위협력지침(1978)'을 개정하여 1997년 9월 23일 발표된 양국 간 안보협력에 관한 지침. 평시 숲 세계적 범위의 미·일 협력추진, 일본 유사시 공동대처, 일본 주변지역 유사시 자위대의 후방지원 및 양국 군대 간 협력관계 등을 주요내용으로 하고 있음(김봉섭 2000, 24).

12) ① 난민구조 활동과 조치 ② 수색 및 구조 ③ 주한 일본인 철수계획(NEO: Non-combatant Evacuation Operation) ④ 경제제재 활동 및 선박검색 ⑤ 일본 자위대의 미국 후방지역 지원 ⑥ 일본 자위대의 소해작전 ⑦ SLOC 보호(김기호 2006, 501).

13) Korea Theater of Operation: 한반도에 인접한 공해 및 공역 그리고 남북한의 영해, 영공 및 영토로서 유엔사/연합사령관이 한·미 합참의 동의하에 설정한 구역(해군본부 2007, 624).

전 상황에서는 후방지원[14]이라는 것은 곧 참전을 의미한다. 따라서 일본 함정이 한국 영해에 진입할 경우 상호 식별, 간섭문제 등 여러 가지 사안에 대하여 상호 간에 적극적인 협력이 필요하다.

해군 중심의 양국 군사협력 문제를 논의하기 위해서는 현대전 개념에 대한 이해가 필요하다. 과거 베트남전 이전 전쟁과 최근 이라크전 이후 전쟁을 비교해 보면 커다란 개념의 변화가 있음을 알 수 있다. 과거 전쟁은 플랫폼(platform)[15]이 현장에 투입되는 전격전, 섬멸전 형태의 전쟁을 수행해 왔으나, 현대전은 첨단 과학기술을 이용한 NCW, EBO[16] 개념에 입각하여 효과 중심의 전쟁수행 기법으로 발전하였다. 이라크 전쟁에서 연합군은 지상군이 투입되기 전에 멀리 떨어진 수상함, 잠수함, 항공기에서 C^4 ISR+PGM[17]으로 적 핵심표적을 대부분 무력화하였다. 이것이 현대전의 요체이며 해군력은 한·일 양국의 지정학적 환경 여건상 이 개념의 전쟁수행에 적합한 전력이다. 이상과 같이 여러 측면에서 볼 때 한·일 간에는 동해와 남해라는 광

---

14) 주변사태 시 일본의 미군지원은 공해상에서 기뢰제거, 선박검문 후방에서의 병참보급·수송·정비, 자위대의 대미군 정보제공 등으로 그동안 일본 정부가 고수해 온 집단적 자위권 금지와 전수방위 원칙을 벗어남. 이에 따라 기뢰의 폭파는 전투행위이며, 적성선박의 검색은 바로 전투로 연결되고, 아무리 후방이라고 하지만 전후방이 없는 현대전 개념에서 전투행위로 간주되며, 자위대 정보로 미군의 공격목표를 설정한다면 이것은 집단적 자위권행사로 간주되는 등 말썽의 소지 잔존함(이원덕 2000, 319~320).

15) 탐지, 정보교환, 타격 등 다른 체계와 연동을 위한 기반체계와 공간을 갖추고 독립적으로 기동이 가능한 종합무기체계로 구성된 것을 일컫는 말로 함정, 항공기, 전차 등이 이에 해당함(해군본부 2007, 617).

16) NCW(Network Centric Warfare): 가용한 모든 전력을 네트워크로 연결하여 전 작전요소가 정보를 실시간 공유함으로써 실시간 전장 가시화를 달성하고, 시스템 통합체계를 이용하여 신속한 지휘결심과 효과적인 타격 및 재타격을 실시함으로써 개개의 작전요소가 가진 전투력의 합보다 훨씬 큰 전투력을 발휘하는 전력승수효과를 창출하는 개념(해군본부 2007, 120).
EBO(Effects Based Operation): 부여된 정책목표를 달성하기 위해 작전환경에 대한 전반적인 이해를 바탕으로 선택된 국력수단을 통합 적용하여 적의 행동 또는 능력에 영향을 미치거나 변화시키는 데 중점을 두고 계획, 시행, 평가, 조정하는 작전(해군본부 2007, 698).

17) C^4ISR(Command, Control, Communication, Computers, Intelligence, Surveillance and Reconnaissance), PGM(Precision Guided Munitions): 원거리 표적을 정확히 접촉, 식별, 분석, 평가하여 명중시키는 전쟁 개념으로 복합무기체계라 칭함(해군본부 2007, 721).

활한 전장(戰場)을 공유하고 있고, 바다에서 지·해·공 위협에 입체적으로 대응할 수 있기 때문에, 현대전 수행을 위한 해군 중심의 한·일 군사협력은 특별한 의미가 있다.[18]

현재는 한·일 양국 간 한 단계 발전된 군사협력을 추진하기 위한 조건이 상호 간에 충족되어 있는가? 한국 입장에서 군사협력에 걸림돌이 되어 온 것은 '능력'과 '의식' 측면의 두 가지 분야로 대별할 수 있다. 먼저 능력 측면의 전제 조건은 쌍방 간 '호혜성의 조건'이 제대로 구비되어야 한다. 즉 군사협력으로 인해 양국이 스스로에게 이익이 있다는 확신이 하나의 전제 조건이다. 창군 이후 최근까지 양국 해군의 군사능력은 비교가 무의미할 정도로 비대칭 형태를 이루고 있었다. 하지만 한국 해군이 자주국방의 기치 아래 꾸준한 국방과학 기술력을 배양하여 온 결과, 지금은 세계적인 이목이 집중된 이지스 구축함[19]과 독도함을 확보하게 되었고 현대전에서 최고의 억제전력이라고 할 수 있는 전략 잠수함도 확보 단계에 접어들었다. 결과적으로 해상전력 분야의 '호혜성 조건'은 상당히 구비되고 있는 것이 사실이다.

다음은 본서에서 강조한 의식 분야의 문제로 과거 역사의식, 신사참배, 교과서문제, 독도문제, 위안부문제 등 많은 장애요소가 존재한다. 그중 양국 관계 저해요인의 제일 큰 비중을 차지하는 것은 역사

---

18) 과거 전쟁은 육·해·공군별 전장이 별도로 격리되었지만, 현대전의 개념은 정보·무기체계의 발달로 장거리 정밀 타격이 가능하기 때문에, 해군의 경우 동해에서 지·해·공 전체 전역에 대한 전투임무수행이 가능하게 됨.

19) ACS(Aegis Combat System)를 탑재한 구축함. ACS(Aegis Combat System)는 미사일을 주 무기로 행해지는 현대해전에서 대함미사일 공격을 방어하기 위한 목표 추적 시스템 및 방공 미사일, 공격 시스템과 이를 운용하는 통합 시스템. Aegis는 그리스 신화에서 군사를 담당하는 여신 Atena가 들고 다니는 Zeus의 방패 이름으로 이 방패는 모든 위협을 방어할 수 있음(한국어 위키백과).

의식이다.[20]

　한 · 일 양국 간에 해군 협력은 공식적으로 1979년 함정 상호방문 협의로 30년의 연륜이 되었지만 국가안보에는 큰 기여를 못 하고 있다. 여기에는 양국 간에 부정적 역사인식이 주된 요인으로 자리 잡고 있다.[21] 하지만 이와 같은 역사인식은 점점 변화되고 있다. 즉 1997년 여론조사에서는 일본이 '친밀하다'는 여론이 29%였는데 2008년에는 36.8%로 점점 증가되어 가고 있음을 보여 준다.[22] 특히 지식인층과 학생들의 호감도가 높은 것은 향후 양국 관계개선이 희망적임을 시사하고 있다.

　한 · 일 양국 간에 긍정적 역사는 없는가, 긍정적 역사를 발굴해 낸다면 역사의식을 새로운 각도에서 재조명할 수 있지 않는가라는 문제인식의 답을 해방 이후 양국 해군 변천 역사에서 찾아보았다. 물론 해군의 역사가 국민들의 역사의식과는 거리가 있겠지만, 해군 역사를 통하여 양국 해군의 관계가 개선되고 나아가 군사영역, 안보영역으로 파급되는 효과까지 기대할 수 있기 때문이다. 즉 긍정적인 역사와 동질적 상호 관계를 양국 해군의 변천사에서 찾아낼 수 있다면 이를 기반으로 진일보된 협력으로 나아갈 수 있을 것이다.

---

20) 전진호, "21세기 한 · 일 관계의 현안과 전망", 「한 · 일군사문화연구」 제3집(서울: 한 · 일군사문화학회, 2005). p.116.

21) 2007년 한 · 일 공동 여론조사에서도 한국의 한 · 일 관계에 대한 부정적 시각은 일본의 식민지 지배를 포함한 과거사 문제가 89%를 차지하였다는 것이 이를 증명해 주고 있다 (http://cafe.daum.net/jpnplaza/CtLB/21: 검색일 2009.3.13.).

22) 한국갤럽 2008년 12월 20일 여론조사(모집단: 전국 만 19세 이상 남녀, 표본크기: 1,052명, 표본오차: 3.0%).

Ⅱ.
한·일 해군 협력 현황 및 인식

1. 한·일 해군의 태동과 성장

21세기 초에 이지스구축함 시대에 접어든 한국 해군과 실질적으로 세계 2~3위의 해군력을 자랑하는 일본 해상자위대의 변천역사는 많은 공통점과 연관성을 가지고 있다. 2차 대전 종전 후 창군을 시작한 한국 해군과 무조건 항복으로 무장을 해제한 일본 해자대는 미국 군정 통치하에 새로운 해군 건설을 위해 비슷한 창군과정을 걸어왔다. 따라서 양국 해군 협력의 실상과 새로운 협력의 역사적 기반을 도출하기 위하여 변천역사를 태동기와 성장기로 나누어 변천과정과 상호관계를 살펴본다.

가. 한·일 해군의 태동기[23)

1) 한국 해군
가) 창군 준비
조국 광복 이후 바다에 애착과 관심을 가진 손원일[24)을 중심으로

---

23) 2차 대전 종전(해방) 후부터 한국전쟁 종료(휴전)까지.

24) 해군 창군의 아버지이며 해군군번 1호로 군번이 80001번임. 구한말 독립투사인 고 손정도 목사의 장남으

정긍모, 김영철, 민병증, 변택주 등은 1945년 8월 21일 해사대를 조직하고, 1945년 9월 30일 해사홍보단과 통합하여 해사협회로 개칭하였다. 그들은 미군 군정청과 교섭하여 해사협회를 장차 대한민국 해군으로 전환할 것을 약속받고 1945년 11월 11일 오전 11시[25] 서울 종로구 관훈동에 위치한 구 표훈전(舊表勳殿)[26]에서 동지 70명이 모여 해방병단 결단식을 하였으며 전에 칼스텐(Carsten) 소령[27]과 협조한 대로 일본 해군이 사용했던 진해항을 해방병단이 사용하기 위해 군정청 운수부에서 마련해 준 특별 열차로 진해로 이동하였다. 하지만 미국 군정청의 지휘체계가 확립되지 않은 상태였기 때문에, 중앙 군정청의 지침[28]이 지방 군정청으로 제대로 전달되지 않았다. 서울에서 해방병단 결단식을 마친 후 진해로 이동하여 여러 가지 지원을 받도록 되어 있었으나 현지 행정관과 협조가 되지 않아 당장 의·식·주 문제로 큰 어려움을 겪어야만 했다. 이러한 우여곡절 끝에 1945년 11월 14일 진해군항 항무청 건물에 태극기를 게양하고 첫 집무를 개시하였다.[29]

로 1909년 평남 강서군에서 출생하여 중국 북경 소재 중앙대학 항해과를 졸업하고 해방과 더불어 귀국하여 조국 해양수호의 중요성을 인식하고 3군 중 가장 먼저 해군을 창설함. 초대 해군참모총장(1948년), 제6대 국방부장관1953년), 초대 주서독 대사(1957년) 역임: 해군본부. 「사진으로 본 해군 50년사」(계룡시: 해군본부,1996). p.65.

25) 해방병단 결단식을 거행한 1945년 11월 11일을 해군 창설기념일로 정한 내막은 손원일이 중국 상하이에서의 대학 시절이나 외국상선에서 근무하던 시절, 영국 등 선진국 해군을 대할 때마다 공통적으로 느낀 것이 바로 '신사 해군'이었다. 그로부터 그는 '해군은 신사여야 한다'는 생각을 갖게 됐다. 이러한 생각은 해군 창설 일자를 정하는 데에도 반영됐다. 11은 한자 十一을 세로로 쓰면 士 선비 사 자가 되어 오늘날 신사라는 뜻이 됨: 오진근 외. 「해군 창설의 주역 손원일 제독」(서울: 한국해양전략연구소, 2006). p.38.

26) 대한제국 때에, 훈장·기장(記章)·상여(賞與)에 관한 일을 맡아보던 관청(1899년 광무 3년에 만들어 짐) (한국어 위키백과).

27) 손원일의 해군 창설에 많은 도움을 준 군정청 운수부 해사국장 미 육군소령: 해군본부. 「대한민국해군사」(계룡시: 해군본부, 1954). p.20.

28) 칼스텐(Carsten)이 진해 군정관에게 보낸 메모, "진해 군정관 귀하, 군정청의 필요에 따라 손원일 씨가 해안경비대 창설을 위해 해안경비대 본부와 해안경비대 사관학교를 설치하러 진해로 가니 잘 협조해 주기 바랍니다.—국정청 해사국장 육군 소령 칼스텐—"(오진근 외 2006, 36).

29) 해군본부. 「대한민국해군사」, p.19.

군사단체로 승인된 해방병단 창설로 1894년 7월 15일 조선수군이 폐지[30]된 지 51년 3개월 26일 만에 이 땅에 해군의 역사가 다시 시작된 것이다. 비록 육·해·공군 중에서 제일 먼저 해군의 모체로 해방병단이 창설은 되었지만, 조직운영을 위해 필수적인 의·식·주도 지원되지 않아 그야말로 무에서 유를 창조해야 하는 역경을 겪었다.[31] 해방 후 최초 회계연도가 1946년 4월부터이기 때문에 해방병단이 창설된 지 5개월이 지나서야 비로소 예산지원을 받을 수 있게 되었다.[32] 1946년 통위부[33] 예산 10억 2,589만 원 중에서 통위부 본부에 40만 원이, 조선 경비대에 65%인 6억 6,995만 원이 편성되고 조선해안경비대에는 35%인 5,554만 원이 편성되었다. 그중 조선 경비대는 6억 1,135만 원을 사용한 반면 조선해안경비대는 2억 1,477만 원을 사용하여 조선 경비대가 91%를 사용한 것과는 달리 조선해안경비대는 60%밖에 사용할 수 없었다.[34] 이와 같은 이유는 조선해안경비대 총사령부가 서울로 이전하기 전까지 해방병단 총사령부가 서울과 멀리

---

30) 1894년 조선에서 발생한 갑오농민전쟁과 조선정부의 청군개입 요청은 일본에 침략동기를 제공했다. 6월 8일에 청군 2,400명이 아산만을 통해 상륙하였고 조선침략의 기회를 엿보고 있던 일본은 텐진조약(天津條約)에 의거하여 청군의 조선출병 통고를 받자마자 곧 조선에 침입하여 정치적·군사적 요충을 장악하고 조선군대를 해산하였다(http://cafe.daum.net/JNUS/6FuH/61: 검색일 '09.6.24.).

31) 칼스텐(Carsten) 소령의 메모로 진해 구 일본군 시설을 사용할 예정으로 이동하였으나 현지 군정관인 에드워드(Edward) 대위가 한동안 이를 거부하여 일반 숙박업소(태화여관)에서 대기하게 되고 식량과 피복이 지원되지 않아 대원들 중 동요사태도 발생하여 70명 중 17명이 이탈함(해군본부 1954, 20~21).

32) 따라서 1945년 11월 11일부터 1946년 3월 31일까지는 공식적인 재정지원 없이 제반 군수조달은 스스로 해결(오진근 2006, 51).

33) 미군정시대의 군사 통할기관. 8·15 광복 후 남한에 진주한 미군은 군정을 선포하고 11월 13일 군정법령 제28호로 군정청 내에 국방사령부를 설치하여 국방력의 조직편성과 훈련 등 제반 업무를 추진하였다. 1946년 국방부로 개칭하였다가 다시 통위부로 고쳤고, 1948년 정부 수립 때 국방부로 다시 바뀌었다(국방부 군사편찬연구소 1984, 177~178).

34) 통위부는 현재의 국방부 기능이며, 조선 경비부는 현재의 육군본부 전신이다. 육군본부는 국방부(통위부)와 같은 서울에 위치하고 있었기 때문에 예산 획득 및 사용 관련 협조가 원만하여 해군보다 상대적으로 많은 예산을 획득하였고 사용실적도 좋았다. 이와 같이 군별 예산을 포함한 재원 분배의 불균형은 현재까지 이어졌으며 따라서 육·해·공 균형발전의 목소리가 높아지고 있는 것이 사실이다(오진근 외 2006, 116).

떨어진 진해에 위치해 통위부와 예산 관련의 업무협조가 원활하지 못했기 때문이다.[35]

1946년 6월 15일 공포된 군정법령 제86호[36]에 따라, 국방부는 국내경비부[37]로 해방병단은 조선해안경비대로 다시 개칭되었다. 이에 따라 해방병단 총사령부가 조선해안경비대 총사령부로 바뀌면서 손원일은 조선해안경비대 총사령관이 되어 1946년 10월 1일 총사령부를 진해에서 서울(남산입구)로 이전하고 진해에는 특설기지를 설치하였다. 조선해안경비대는 1946년 9월 15일 미군 당국으로부터 최초 LCI 2척 인수[38]를 시작으로, 이어서 1946년 10월 9일 일본 해군이 사용했던 소해정(108톤급 JMS) 4척을 인수했다.[39] 인수 소해정 각 함정마다 일본인 승조원 20명이 머물면서 1개월간 조선해안경비대의 인수요원들에게 장비운용에 대한 교육을 시켰다. 이와 같은 조치는 미국 군정 당국의 중계가 있었지만 역사적으로 최초의 한·일 해군 협력이라고 할 수 있다. 1946년 11월에 일본 소해정(108톤급 JMS) 7척이 추가로 인도되어 일본 소해정 총 11척이 초기 조선해안경비대의 핵심전력이 되었다.[40] 1947년 2월 7일에는 300톤급 철선 쾌속정인 충무공정[41]을

---

35) 해군본부. 「대한민국해군사」. p.26.

36) 조선 해안 경비대의 권한과 직무의 범위 명시(국방부전사편찬위원회 1984. 192~193).

37) 한국 측은 국내 경비부를 통위부로 불렀다. 이는 조선 말인 1888년 편제된 군제삼영의 하나인 통위영에서 따온 것임(국방군사연구소 1998. 36).

38) 일본 선박운용경험이 있는 대원 20명을 긴급 소집해 인수하려 했지만, 생소한 미국 건조 함정이라 엔진을 시동조차 할 수 없었다. 결국 미 고문단의 도움을 받아 인수하였으며 LCI가 조선해안경비대가 소유하게 된 최초의 군함임(오진근외 2006. 169~170).

39) 수석 고문관 맥케이브 대령과 손원일의 합의에 의해 인수한 각 함정마다 일본인 승조원 20여 명이 1개월간 머물면서 조선해안경비대 승조원들에게 장비교육훈련을 시켰다. 광복을 마지한 지 얼마 되지 않아 일본에 대한 증오심으로 일부 대원들의 반대도 있었으나 대부분의 대원들은 다른 것은 제쳐두고 일단 배울 것은 배워야 한다고 생각 했다(오진근 외 2006. 173~174).

40) 오진근 외. 「해군 창설의 주역 손원일 제독」. pp.173~175.

41) 제2차 대전 말기인 1944년 9월 14일에 일본 해군이 비행기 구조 및 어뢰 발사를 위하여 기공하였으며,

준공하여 해군 '조함(造艦)의 효시(嚆示)'를 기록하였다. 이와 같이 함정 전력이 증가되어, 1947년 8월 27일에는 인천 근해에서 실시한 광복 2주년 기념행사에서 충무공정을 비롯한 JMS 7척, LCI 3척 총 11척이 참가하여 최초의 함정 편대훈련을 선보이기도 하였다. 정부 수립일인 1948년 8월 15일 현재 함정은 총 34척[42]으로 늘어났다.

나) 대한민국 해군으로 정식 발족

그동안 고난과 역경을 헤쳐 온 조선해안경비대는 1948년 8월 15일 대한민국 정부 수립과 더불어 1948년 9월 5일 대한민국해군으로 정식 발족[43]했다. 이어서 1948년 11월 30일 법률 제9호로 국군조직법이 공포되고, 1948년 12월 7일 대통령령 제37호로 국방부직제가 시행됨으로써 국방조직의 골격을 갖추게 되었다.

1948년 8월 15일에는 이승만 대통령 임석하에 중앙청에서 거행된 대한민국 정부 수립 선포식에서 한국 해안경비대 장병들은 최초로 '대한민국해군'이라는 '페넌트(pennant)'를 정모에 두르고 참가하여, 대한민국해군의 존재를 국내외에 널리 알리는 계기가 되었다.[44]

1948년 10월 20일 여수에 주둔하고 있던 육군 제14연대 내에서 좌익분자들이 폭동을 일으켜 여수와 순천을 점령함에 따라, 해군에서는

일제의 패망으로 공사가 중단된 상태로 공사의 추진 정도는 선체의 구성이 완성된 정도에서 8·15 해방과 더불어 일본 해군 요항부 수리공장이 우리 해군공창으로 새로이 발족하여 우리의 손으로 준공하게 되었음(해군본부 1954, 37~38).

42) 34척: LCI 6, YO 1, JMS 11, PG 1, AMS 11, YMS 4(해군본부 1996, 25).

43) 법률 제9호 국군조직법 1948년 11월 30일. 제1조: 본법은 육해군을 포함한 국방기관의 설치 조직과 편성의 대강을 정하여 군정 군령의 유기적이고 체계적인 국방기능수행을 목적으로 한다. 제2조: 국군은 육군과 해군으로 조직한다(국방부전사편찬위원회 1984, 222~223).

44) 1948년 8월 15일에는 국군조직법 공포 이전이기 때문에 '대한민국 해군'이라고 호칭할 수 없는 상태였다. 그러나 광복의 환희, 국민적 사기 진작을 위하여 해군지휘부에서 아이디어 측면의 이벤트였고 취지의 목표를 충분히 달성하였다고 본다(오진근 외 2006, 195~197).

임시정대[45]를 편성하여 해안봉쇄 및 함포사격으로 진압작전을 전개하여 좌익세력의 생포, 무기·탄약 노획 및 선박의 나포 등 많은 전과를 올렸으며, 이것이 해군창설 이후 최초의 전투로 기록되고 있다.[46]

1949년 10월 17일에는 최초로 함포가 설치된 600톤급 전투함(PC) 1척[47]을 6만 달러에 구입하여 미국에서 명명식을 갖고, 1950년 4월 10일 진해항으로 귀항하여 비로소 군함다운 군함으로 해상경비 임무를 수행할 수 있게 되었다.[48]

1948년 12월 7일 국방부 직제가 공포된 이후 해군 예하 여러 부대가 창설되기 시작하여, 6·25전쟁 이전 창설된 부대 현황은 <표 2-1>과 같이 동·서·남해 전 해역에서 해상방어 임무를 수행할 수 있게 되었다.

<표 2-1> 창군 이후 6·25 이전 부대 창설 현황

부대명	창설일	창설위치	부대명	창설일	창설위치
제1전대	1949.12.14.	인천	통제부	1949.6.1.	진해
제2전대	1949.12.14.	포항	묵호 경비부	1949.6.1.	묵호(동해)
제3전대	1949.12.14.	목포	인천 경비부	1949.6.1.	인천
훈련전대	1949.12.14.	진해	목포 경비부	1949.6.1.	목포
해병대	1949.4.15.	진해	부산 경비부	1950.4.15.	부산
제2해군병원	1949.4.15.	인천	포항 경비부	1950.4.15.	포항

자료출처: 『사진으로 본 해군 50년사』

---

45) 편성: 충무공정·505·510·516·302·304·305·구룡정 계 8척(해군본부 1996, 24).

46) 오진근 외. 「해군 창설의 주역 손원일 제독」. pp.214~216.

47) 최초 전투함은 PC-701(백두산)함으로 명명되어 한국전쟁 기간 중 한국 해군의 주력함으로서 해상 전투에서 크게 활약하였다. 이 배는 1944년 7월 24일 USS-823으로 취역해 서부대서양에서 대잠수함작전에 투입되었다가, 제2차 대전 종전 후 1946년 2월 11일 무장이 해제되어 미국 해양청 산하로 이관된 배였다. 그해 11월 미국해양대학교에서 인수해 이 학교 출신 중 제2차 대전에서 전사한 화이트 헤드(White Head)라는 졸업생을 기리기 위하여 엔슨 화이트 헤드(Ensign White Head)로 명명하였다. 손원일은 인수선 이름을 백두산이라고 명명하였는데 공교롭게도 영문 이름(White Head)과 같은 뜻이었다. 단지 한 척의 군함 인수에 불과하지만 최초로 스스로 조국의 바다를 지킬 수 있는 전투함을 갖게 되었다는 데 의미가 있었다(오진근외 2006, 286).

48) 오진근 외. 「해군 창설의 주역 손원일 제독」. p.286.

다) 한국전쟁

1950년 6월 25일 04시 북한 인민군은 서쪽의 옹진반도로부터 개성·동두천·포천·춘천·주문진에 이르는 38도 선 전역(全域)에서 지상 공격을 개시하는 한편 강릉 남쪽 정동진과 임원진에 육전대와 유격대를 상륙시켰다. 남침의 급보를 접한 한국 해군은 6월 25일 09시 해본 작명 갑18호로 예하부대에 비상경계 돌입과 전투준비를 명령하여 서해 제1대, 동해 제2대, 그리고 각 경비부는 해상경계를 강화하고 적의 상륙에 대비하여 철저한 경계태세를 유지했다.

한국 해군은 파죽지세로 밀려오는 북한 인민군에 대항, 해상에는 적의 침공을 저지 및 지연시키는데 주력하여 적함선 52척(서해 36, 남해 16)을 격침시켰다. 특히 25일 22시경 PC-701(백두산)함은 AMS-512호정을 지휘하여, 울산동방 30마일 해상에서 남진 항해 중인 1000톤급 적 무장수송선을 격침시킴으로써 초기 제해권[49]을 장악하고 후방교란을 차단하는 큰 성과를 올렸다. 적 무장수송선에는 특수요원 600명과 무기, 탄약 등의 많은 군수물자가 적재되어 있어 만약 침투를 허용했더라면 6·25전쟁의 양상은 전혀 다른 방향으로 전개될 수 있었다.[50] 전쟁 발발 후 52일 경과한 1950년 8월 16일 함정 전력 현황은 <표 2-2>와 같다.

---

49) command of the sea: 한 국가가 자국의 경제 및 국가안전을 유지하기 위하여 적 해군으로부터의 간섭을 배제할 수 있는 해양우서의 정도를 말하며 완벽한 제해권은 불가하므로 해양통제의 개념으로 사용됨(해군본부 2007, 506).

50) 이 교전을 '대한해협해전'이라 부르며, Norman Johnsun은 그의 저서 『6·25 비사』에서 "백두산함의 대한해협전은 6·25전쟁의 분수령"이라고 하였음. 이 전투에서 한국 해군도 이등병조 전병익과 삼등병조 김창학이 전사하고, 김종식 소위와 김춘배 삼등병조가 부상당했지만, 전쟁 초기 남해안에 상륙을 꾀하던 적의 특수부대를 전멸시켜 후방 교란을 미리 방지했디는 점에서 큰 의의가 있었다(해군대학 2000, 217).

〈표 2-2〉 1950.8.16. 함정 전력 현황

함형	계	함정명
PC	4	701, 702, 703, 704
JMS	9	301, 302, 303, 304, 306, 307, 308, 309, 310
YMS	9	501, 502, 503, 504, 505, 506, 507, 509, 510
AMS	6	512, 513, 514, 515, 516, 518
LCI	2	105, 106
AKL	1	901
LST	1	801
PG	1	313
기 타	2	22, LT-1
계	35	

자료출처: 『사진으로 본 해군 50년사』

전쟁기간 중 1950년 7월 1일 정부가 대전에서 부산으로 이동하게 됨에 따라, 해군 목포경비부 제3정대 소속의 320톤급 YMS-514호정 은 JMS-309(대동강)호의 호위하에, 이승만 대통령 일행을 목포에서 부산까지 이송하는 임무를 수행했다.[51] 또한 3인치 함포가 탑재된 PC-702, 703, 704 3척이 전쟁 중에 인수되어 북한군이 남침한 지 21일이 지난 1950년 7월 16일에 진해에 입항하였으며 주 전투세력으로 참전 하여 많은 전과를 올렸다.[52]

9월 15일을 기하여 우리 해군은 육·공군 합동작전으로 400여 척 의 상륙주정에 분승하여 인천상륙작전에 참전하였다. 4차례에 걸친 파상공격으로 남해 일대에 몰려든 공산군을 완전히 고립시켰고 수도 를 수복하고 역사적인 인천상륙작전을 성공할 수 있게 하였다. 인천

---

[51] 1950년 6월 27일 대전에 도착한 이승만 대통령은 북한군이 계속 남하하자 측근들의 간곡한 요청으로 부 산으로 가기로 했다. 당시 대구를 거쳐 가는 경부국도는 추풍령을 넘어야 하는데 공산게릴라들의 공격 위 험으로, 결국 목표를 경유하여 부산으로 가게 되었고 목표에서 해군함정을 이용하였다(박실 1980, 102).

[52] 해군본부, 「바다 그리고 해군」(계룡시: 해군본부, 1995), p.26.

상륙작전이 성공한 후 서해의 전 도서와 군산 경비부를 완전히 수복하고, 10월 9일 장전에, 10월 18일 원산에, 11월 4일 진남포에 전진기지를 설치하였다. 또한 북한해역에 대한 해상경비를 더욱 강화하고 적이 부설한 다량의 부유기뢰를 탐색·격파하였으며, 휴전 때까지 한국 해군은 해상전역에서 자유롭게 작전을 수행할 수 있게 되었다.

또한 해군은 전쟁 중임에도 불구하고 전비태세 향상을 위한 선진교육에 열중했다. 1951년 4월 5일 미국고문단의 지원으로 해군사관학교 내에 고등군사반을 설치하여 장교들에 대한 보수교육을 하였으며 1952년부터는 미국 해군의 해군지휘참모 과정과 병과학교 과정을 이수하게 되었다.[53]

2) 일본 해상자위대

가) 창군 준비

1945년 8월 15일 일본 천황은 연합군에 무조건 항복을 선언하여 9월 2일 동경항만에 입항한 전함 미주리 함상에서 항복 문서에 서명하였다.[54] 미국은 1945년 8월 28일 일본 군정통치를 위한 선발대를 파견하였고, 8월 30일에는 맥아더 원수가 아쯔기(厚木) 비행장에 도착하였으며, 9월에는 전국에 걸쳐 60여만 명의 점령군이 입국하였다.[55]

---

53) 연도별 장교 해외군사교육 인원은 1952년 38명, 1953년 55명, 1954년 95명, 1955년 125명으로 점점 증가되었으며, 분야별로는 해상작전·상륙작전·소해작전·대잠작전·기관학·포술학·전기학 등 다양한 분야의 교육을 이수함(국방부전사편찬위 1987, 266~268).

54) 전함 미주리(U.S.S 'Missouri', BB-63) 함상에는 92년 전 일본을 무력으로 개항시킨 페리 제독의 기함에 걸렸던 바로 그 성조기가 바람에 나부끼고 있었다. 항복문서 내용은 첫째, 일본군과 일본의 지휘 아래 있는 모든 무장 세력은 즉각 무조건 항복할 것. 둘째, 연합군 최고사령관의 명령에 따를 것, 셋째, 일왕과 일본 정부는 포츠담 선언의 조항을 성실하게 이행할 것. 넷째, 일왕과 일본 정부의 권한은 연합군 최고사령관의 통제 아래에 둘 것(http://blog.naver.com/srchcu/30034816836: 검색일 '09.7.18.).

55) 해군본부, 「일본·영국해군사 연구」(계룡시: 해군본부, 1997), p.154.

맥아더 연합군최고사령부(GHQ SCAP)[56]는 일본을 점령하여 군정을 착수하였으며 일본 비군사화는 신속하게 진행되어 군대의 해산은 1945년 10월 말에 거의 끝났다.[57]

1946년 여름, 한국 내 미군 점령지역에 콜레라가 만연하였다. 연합군 당국은 전염병 예방 차원에서 '불법 입국 억제에 관한 긴급조치를 취하라'는 전문을 일본 정부에 전했다. 이에 따라 일본은 감시선을 배치하여 감시를 하였으며, 동년 6월 운수성 해운총국에는 불법 입국선박 감시본부를, 큐슈(九州) 해운국에는 불법 입국선박 감시부를 설치하게 되는데 이들 조직이 종전(終戰) 후 해상자위대의 최초 시발이라고 할 수 있다.[58]

1946년 3월 일본 정부는 해상 보안제도의 미흡함을 인식하고, 그에 대한 실태조사와 대책수립을 점령군에 요청하였다. 이에 따라 미국 Coast Guard 실즈 대령이 일본을 방문하여 해상보안업무를 통합 관리할 수 있는 기관 설치의 필요성을 제안하였고, 일본 정부는 실즈 대령의 권고에 따라 해상보안에 관한 대책을 강구하게 되었다. 1947년 5월에 운수성에 해상보안기관을 설치하는 안을 수립하여 점령군에 요청하였고, 점령군은 해상보안청 법안을 일본 정부에 허가함으로써 1948년 5월 해상보안청이 창설되었다. 해상보안청은 해상에 대한 치안 유지와 선박항행의 안전 확보를 일원적으로 담당하는 기관으로 창설되었으나, 당시는 점령군 예하 조직으로서 해상보안청법에 따라

---

56) General Headquarters of the Supreme Commander for the Allied Powers: 이 사령부는 미 태평양 육군 총사령부 역할과 일본점령 통치를 위한 전무부서를 갖춘 점령군사령부라고 하는 두 가지 임무·기능을 갖고 있었다. 사령부 예하에는 제6군(東京)과 제8군(요코하마)이 있었으며, 군정담당을 위하여 홋카이도(北海道), 도후카(東北), 간토(關東), 주부(中部), 긴키(近畿), 규수(九州) 등 6개의 지방정부와 각 도(都)·도(道)·부(府)·현(縣)을 관할하는 府·縣 군정부가 있었음(국방군사연구소, 1995.1.8.).

57) 이동영. "일본의 군사력 증강과 한국안보에 관한 연구", 경희대 행정대학원 석사논문, 2002. p.13.

58) 후지와라 아카리. 「일본 군사사(軍事史)」. 엄수현 역(동경: 시사일본어사, 1994). p.275.

그 세력은 엄격히 제한되었다.

1951년 10월 연합군 최고사령관인 리지웨이(Ridgway. M. Bunker) 대장은 요시다(吉田) 수상과의 회담에서 "미국은 함정을 일본에 대여할 용의가 있다."라고 하였으며 요시다(吉田) 수상[59]은 이 제안을 수용하였다. 오카자키(岡崎) 내무관방 장관은 해상보안청 장관에게 "미국으로부터 대여되는 함정 인수와 운용체제의 확립을 위해 위원회를 만들어 정부의 자문을 받고 싶다."고 요청함으로써 Y위원회[60]가 발족하게 되었다.[61] 1952년 3월 Y위원회에서 심의된 해상보안청법 개정안이 국회에서 승인됨에 따라, 1952년 4월 해상경비대가 정식 발족되었다. 해상경비대의 현황을 살펴보면, 경비대 임무는 해상에서 인명과 재산의 보호 또는 치안 유지를 위해 긴급한 경우에만 해상에서 적절한 행동을 취한다는 것이다. 해상경비대 정원은 경비관 5,947명, 사무관 91명으로 총 6,038명이 구성되었으며 인원 성분에 있어서 경찰예비대는 구 육군이 배제되었던 것에 반해, 해상경비대는 처음부터 구 해군을 중심으로 구성되었다.[62]

1952년 4월 대일(對日)강화조약[63]이 발효되어 일본은 독립을 하게 되었고, 이에 따라 GHQ(점령군사령부)가 폐지됨과 동시에 미·일 안

---

59) 1946년부터 1953년까지 5차례나 총리에 올랐던 그가 세운 국가적 좌표는 '군사력 없는 경제대국'이다. 그는 태평양 시대의 개막과 동시에 '팍스 아메리카나'가 펼쳐질 것으로 예측하고 미국과 단독으로 안보조약을 체결했다. 요시다의 이런 전략적 선택에 대해 일본 국민은 시대 흐름을 정확히 읽은 올바른 판단이었다고 평가함(http://blog.naver.com/gnttng/90022459319: 검색일 '09.6.26.).

60) 위원은 구 일본 해군 8명, 해상보안청 2명 총 10명으로 구성(해군본부 1994, 157).

61) 후지와라 아카리, 「일본 군사사(軍事史)」, p.322.

62) 결과적으로 제2차 대전을 통해 축적된 고도의 해군 관련 기술이 그대로 전수되고 한국전으로 인하여 국가안보에 대한 국민적 관심의 증대로 인하여 해상자위대는 쉽게 부활할 수 있었다(해군본부 1997, 158).

63) 제2차 대전의 전쟁상태를 종결하고 국교를 회복하기 위해 일본이 미국·영국 등 48개국과 체결한 조약으로 1951년 9월 8일 샌프란시스코에서 조인, 일명 샌프란시스코 강화조약(브리태니커, 국제법).

전보장조약[64]이 발효되었다. 1952년 5월 독립 후 도쿄(東京), 오사카 (大阪), 스이다(吹田) 등에서 난동사건이 잇달아 발생하여, 일본 정부는 치안대책 강화에 부심하게 되었고 파괴 활동 방지법 등 경찰법을 일부 개정하게 되었다. 이러한 정세 가운데 같은 해 8월 보안청법이 공포되어 보안청이 창설되었고, 해상경비대는 경비대로, 경찰 예비대는 보안대로 명칭이 변경되었으며, 결국 이 두 조직은 보안청에 통합되었다. 따라서 전후(戰後) 처음으로 육·해를 통합한 국방성과 같은 역할이 부여된 보안청이 1952년 8월 1일 발족되었다.

한국전쟁에서 일본의 군사적 역할[65]은 지상에서 미군의 작전기지 제공, 한반도 정보에 대한 인적 안내임무 수행, 미군의 병참 및 보급 지원 등 지원임무를 수행하였고 해상에서는 특별소해대가 직접 참전하여 한국 해군과 역사적인 관계를 맺게 된다. 미국은 2차 대전 종전 후 예산삭감과 해군의 기뢰전에 대한 관심 소홀로 막강했던 소해세력들을 실체적으로 해체하게 된다.[66] 연합군은 1950년 9월 인천상륙작전 성공 후 원산상륙작전에 착수하지만 북한이 소련의 지원으로 부설한 원산만 기뢰의 위협에 봉착하였다.[67] 당시 미국태평양함대

---

64) 미국과 일본의 군사적 관계를 규정한 조약으로, 일본은 미국에 대해 자국 내 영토를 군사기지로 제공하고, 미국은 일본의 방위를 책임지는 것이며 이에 따라 일본은 미국이 제공하는 안보우산과 개방된 자유무역 질서에 무임승차하면서 자국의 국익을 최대화시킬 수 있었음(브리태니커, 일본사).

65) 일본군 창군과 한국전쟁에 대해 요시다(吉田) 수상 겸 장관은 8월 4일 보안청 장관으로서 간부들에게 訓 示를 통하여 "신군대의 토대가 되어라."고 언급하여 문제가 되었는데, 한국전쟁을 '하늘이 준 재군비의 기회'라고 보았던 요시다(吉田) 수상으로서는 진심에서 우러난 표현이었던 것으로 보인다(해군본부 1997, 158).

66) 1950년 10월 미국의 기뢰전에 대한 자세는 영국 제독 세인트 빈센트 백작이 1806년에 그렌빌 수상에게 말한 기뢰전에 대한 부정적인 말과 다르지 않다 즉 "영국은 해양통제를 지양하는 국가인데 기뢰는 해양통제권에 위협을 주는 무기이다. 따라서 필요하지 않은 무기이다." 미태평양 함대는 2차 대전 당시 550척의 소해전력을 한국전 당시 10척(3척은 관리대기)만 남겨두었으며 기뢰전 인력의 99%를 예비역으로 전환함. 또한 일본 현지 지휘함의 기뢰전 사령부를 샌프란시스코로 이전하였다가 1947년 1월 니미츠 해군총장의 명에 따라 해체하고 기뢰전 세력도 대폭 축소하였다(Malcolm W. Cagle 2003, 156~157).

67) 50년 10월 중순 원산상륙작전 선견부대작전을 준비해 온 스미스 사령관은 미군 군함 2척, 한국 군함 2척, 일본 함정 1척이 연이어 기뢰 피해를 당하자 해군총장에게 '미 해군은 한국해역에서 해양통제권을 상실

소해전력은 소해함(MSF) 4척과 소해정(AMS) 6척에 불과하여[68] 연합
군지휘부는 소해의 전문성을 구비하고 다수 세력을 보유한 구 일본
해군에 눈을 돌릴 수밖에 없었다.[69] 특별 소해대 참전과 관련하여 요
시다(吉田) 수상은 당시 맥아더 사령부의 협조가 있긴 하였지만 해상
보안청 장관에게 '국제연합에 협조한다'는 취지로 반드시 비밀로 할
것을 지시하며 한반도 해역에 '소해정' 파견 지령을 내렸다.[70] 특별
소해대는 해상보안청 항로 개척본부장 다무라(田村久三) 전 해군대령
을 총지휘관으로 하고 기함에는 300톤의 소해모선, 소해작업의 마무
리에 사용하는 6,000톤의 시항선 외에 소해정은 제1대 4척, 제2대 5
척, 제3대 5척, 제4대 7척의 4개 대로 편성되었다. 제1대는 서해 군산
앞바다에, 제2대와 제3대는 동해안 원산 앞바다에, 제4대는 진남포에
소해임무를 부여받았다. 이 특별소해대의 작업은 8주간에 걸쳐 인천,
원산, 군산 외에 해주, 진남포 등 합계 5개소의 소해를 실시했다.[71]
1950년 10월 17일 원산 앞바다에서 소해작전 중인 MS14호가 북한이
부설한 기뢰의 폭발로 침몰하여, 승조원 23명 중 1명이 사망[72]하고,
18명이 부상을 당했으며 구조된 승조원 22명은 사세보 항으로 귀환

하였다'는 보고를 할 정도로 어려움을 겪었다(Malcolm W. Cagle 2003, 177).

68) 소해함(정) 10척 중 AMS 3척은 관리대기로 실제로 작전행동이 가능한 것은 MSF 1척, AMS 6척에 불과
했음(조학제역 1994, 82).

69) 조학제. "한국전쟁 시의 일본의 소해부대". 「해양전략」 제84호. 해군대학. 1994. p.82.

70) 이기택. "일본의 해군력 증강과 한반도". 「학술총서」 22호. 한국해양전략연구소. 2002. p.5.

71) 요미우리신문 전사반 편 『재군비 발자취』에 의하면 1950년 10월 20일 오오쿠보 타게오(大久保武雄) 해
상보안청 장관은 미 극동해군 참모부장인 바크 소장으로부터 한국 원산에 대한 미군 상륙 작전에 협력해
줄 것을 요청받는다. 오오쿠보는 즉각적인 답변을 피하고 요시다 수상의 판단을 바랐지만 요시다는 '국제
연합에 협력한다'는 방침으로 이를 따르되 반드시 비밀로 할 것을 지시했다. 이 결과 해상보안청은 소해
정 21척의 특별 소대를 한국에 파견했다. 작전기간 중 10월 17일 원산 앞바다에서 작업 중 제2대의 소해
정 1척이 기뢰폭발로 침몰하여, 사망 1명, 부상 18명이 나왔으며 한국전쟁에 소해정의 참전은 비밀에 부
쳐졌다(엄수현 1994, 323).

72) 일본 정부는 1979년에서야 사망한 나키디니 시가로다(中谷坂太郎)에게 훈장을 추서힘(힘명수 2007, 206).

하였다. 특별 소해대는 10월 10일부터 12월 6일까지 연 44척의 소해정과 10척의 순시선, 연인원 1,450명이 투입되어, 해로 327km, 정박지(묘지) 607㎢를 소해하였다. 이 작전에 대한 평가로 극동해군사령관 조이 중장은 찬사를 보내면서 "Well Done. 역시 잘했다. 진실로 잘해주었다. 성공하였다"라는 기록을 남겼다.[73] 또한 일본은 원산만 소해작전에 이어 진행된 흥남철수작전에서도 LST 30척의 승조원과 하역인부 1,200명을 지원함으로써 연합군의 재전개작전(redeployment)을 도왔다.[74] 비록 사건들이 비공식적이긴 하나, 최근 한반도를 둘러싼 군사 환경의 변화에도 불구하고 한·일 간의 해군관계라는 측면에서 매우 큰 중요성을 띠고 있는 역사적 사건이라고 할 수 있다.[75]

이와 같이 일본은 한국전쟁에서 연합군의 막대한 병참 및 보급지원을 전담하여 경제적인 부를 얻었고, 간접적이긴 하지만 특별 소해대와 흥남철수작전의 참전과 수송지원, 인적 안내임무 수행 등으로 전투역량을 구비하여 재군비의 기틀을 마련했다.[76]

나) 해상자위대의 창설

1953년 9월 27일 자유당의 요시다 시게루(吉田茂)와 개진당의 시게

---

73) 당시 미 극동해군 참모부장 어레이버그(당시 소장)의 증언에 의하면 "원산상륙작전을 위해 소해작전을 해야 하는데 미 해군은 극동에는 소수의 소해정밖에 없어 임무수행이 불가했으며 당시 일본은 80-90척의 소해정을 보유하고 있었고 소해기술이 우수하기 때문에 미국은 일본 외에는 도움을 요구할 데가 없었다."고 하였음. 한반도 특별소해작전의 성공작전의 결과로 차후 연합군의 원활한 해상작전이 가능토록 기여했음. 특별소해대의 역할에 대한 태평양함대의 평가는 일본 소해정은 소해능력이 부족한 유엔군에 큰 기여가 되었으며 소대원의 기량은 우수(good)했고 소해작업은 만족(satisfactory)이라고 함(大久保武雄 1978, 209).

74) 성공적인 흥남철수로 신속히 후방에 병력과 장비를 재전개함으로써 중공군의 남침에 적극적으로 대응할 수 있었으며 철수 당시 흥남현장 일본 인부들은 자기들의 용선 시나노 마루(信濃丸)에서 기거하면서 물자와 장비를 싣는 작업을 하였음(http://spikehahm.com/FTW/BU/05/05-HNam.htm: 검색일 '09.8.25.).

75) 이기택. "일본의 해군력 증강과 한반도", p.6.

76) 국방군사문제연구소. 「일본 자위대」(서울: 국방부, 1995). pp.21~24.

미쓰 마모루(重光葵)[77] 당수 간에 회담이 열려 일본의 재군비문제에 관한 합의가 이루어졌다. 여기에서 보안청을 자위대로 변경하여, 외국으로부터의 직접 침략에 대항할 수 있는 장기방위계획을 수립하자는 의견의 일치를 보았다. 이러한 보수파 거두들의 합의는 일본의 재군비와 군사력 증강에 관한 초석이 된 것이다.[78] 이에 따라 우선 보안청 법을 개정하여 경비대와 보안대를 자위대로 개정하고 직접침략에 대한 방위를 그 임무로 하도록 하였다.

당시 국회는 미·일 호방위원조협정의 조인에 따라 협정승인에 대한 여·야 간의 방위 논쟁이 뜨거웠다. 야당이 반대하는 가운데 방위 2법안의 국회 심의는 난항을 거쳤으나, 1954년 6월 국회를 통과하여 동년 7월 방위청과 자위대가 발족했다.[79] 방위청은 보안청 시대와 같이 총리부의 외국(外局)에 두고 보안대는 육상 자위대로, 경비대는 해상자위대가 되었으며 항공자위대가 별도로 창설되었다. 또한 제1막료 감부는 육상 막료 감부로, 제2막료 감부는 해상 막료 감부로 되고, 새로이 항공 막료 감부가 설치되었다.

이렇게 하여 불법 입국 선박 감시 본부를 시작으로 해상보안청이 발족되었고 이어서 해상경비대가 탄생하였으며 이후 경비대로 발전되어 지금의 해상자위대로 불리는 신해군기구로 정비된 것이다. 해상자위대의 임무는 일본의 평화와 독립을 수호하고, 국가의 안전을 보존하기 위해 직접 침략 및 간접 침략에 대하여 일본을 방어하는 것이

---

77) 패전 당시 일본외상으로서 미주리 함상에서 일본 전권 대표로서 항복문서 조인을 했으며 전범으로 투옥되었다가 강화조약 체결로 사면 복권된 보수 강경파로 자위군의 창설을 주장하고 있었다. 이 사람은 주중 공사 재직할 때에 1932년 윤봉길 의사의 상해 홍구공원 폭탄 투척으로 한쪽 다리를 잃었다(브리태니커백과사전).

78) 국방군사문제연구소. 「일본 자위대」. p.298.

79) 이동영. "일본의 군사력 증강과 한국안보에 관한 연구". p.14.

며, 필요에 따라 공공질서 유지도 담당하게 된다. 창설 당시 해상자위대의 정원은 총 16,385명으로 책정되었다.[80]

경비대 시대에 각 선대군(船隊群)은 장관 직할부대로 편성되었고, 선대군 지휘관은 전술개발, 전비태세 확립에 대한 지도와 감독을 담당하도록 하였다. 당초 선대군이 2개 이상이 될 때는 공통의 상급부대 지휘관을 두려고 하였는데 이러한 구상은 자위함대의 편성에 따라 실현되었다. 즉, 1954년 7월에 자위함대 사령부가 신설되고, 여기에 2개 호위대군 및 1개 경계대군을 보유하는 새로운 기동부대가 <표 2-3>과 같이 탄생하였다.

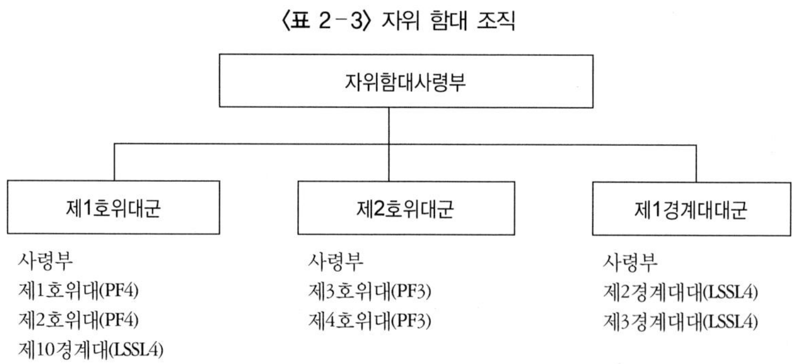

〈표 2-3〉 자위 함대 조직

자료출처: 『일본 · 영국 해군사 연구』

해상자위대의 첫 해상연습은 1955년 2월 시코쿠(四國) 만을 중심으로 한 다카아토(豊後) 수도(水道)로부터 이기(紀伊) 수도에 이르는 해역에서 실시되었다. 이 연습에는 미국 해군 잠수함 2척도 동참하였다. 당시 해상부대가 급히 편성되는 바람에 인원이 제대로 보충되지 않

았으며, 빈번한 인사교류로 숙련도 유지에 애로점이 많았다. 그러나 전술 면에서는 MAAG(고문단)의 적극적인 지원으로 열심히 교육을 받았으며, 대잠수함전에 관한 전술도 처음으로 도입되었고, 해상교통로(SLOC) 보호에 대한 지식도 신속히 습득하였다.

3) 태동기 양국 해군 상황 비교

먼저 양국 해군의 창군과 관련된 국내외 환경에 대한 비교이다. 한국 해군은 창군 전신인 해방병단에서 조선해안경비대를 거쳐 정식 해군으로 발족하기까지의 과정은 고난과 역경의 점철(點綴)이었다. 일본 천황의 무조건 항복으로 1945년 8월 15일 해방은 되었지만, 전후(戰後) 국내환경은 통치 체제가 잡히지 않은 상태로 여러 가지 역경을 감내해야만 했다. 진주한 미군이 군정을 선포하였지만 국가질서 체계가 잡히지 않은 상태에서 각종 단체[81]가 우후죽순처럼 난립하게 됨으로써, 국가방위와 국민보호를 위한 대의명분을 갖춘 해방병단과 같은 조직도 제대로 인정받을 수 없는 여건이었다. 특히 미 군정청의 지휘체계가 확립되지 않아 초기 창군에 고난을 겪어야만 했다.

먼저, 정부의 대표기관이 없었기 때문에 군정청과의 협조가 원활하지 못했고 군정청의 지휘체계도 확립되지 않아 어려움이 많았다. 따라서 해군의 전신조직과 군정청 간의 원활한 협조가 이루어지지 못하고 좌충우돌하였으며 중앙 군정청의 지침이 지방행정관에게 제대로 전달되지 않아 해방병단의 초기 기반구축에 고충을 겪었다.

둘째, 국가의 재정적 지원제한으로 역경을 겪어야 했다. 국가의 충

---

81) 1945년 11월 미 군정청에 등록된 군사단체가 무려 30여 개나 됐음(한용원 1984, 26).

분한 재정 지원이 되어도 해방 후 아무런 여건이 구비되지 않은 상태에서 창군실무의 입장에서는 어려움이 많았을 텐데 초기 재정적 지원이 불가한 상태에서 다시 식량난까지 봉착하게 되어 불과 수일 내에 단원들의 과반 정도가 이탈하는 사태가 발생하기도 하였다. 이와 같은 재정적 역경을 극복하기 위하여 단원들은 개인의 사비를 털어 무기와 물자를 구입하여 위국 헌신함으로써 국민들의 귀감이 되기도 하였다.

셋째, 전력(艦艇)과 기술이 전무한 상태에서 창군을 해야만 했다. 창군요원은 구성되었지만 아무런 무기체계도 장비도 없는 한국 해군의 입장에서는 수단과 방법을 가리지 않고 제반 지원을 받아야 하는 입장이었다. 따라서 36년간의 치욕에도 불구하고 일단 함정은 획득하고 배울 것은 배우고 보자는 마음가짐으로 일본소해정 11척을 인수하고 구 일본 해군으로부터 함정운용술을 전수받았다. 이 외에도 무(無)에서 유(有)를 창조해야 하는 입장으로 인하여 일제가 남기고 간 군사시설, 각종 군수품, 그리고 기술적 노하우, 등을 활용할 수밖에 없었다.

한편 일본은 해상자위대의 최초 전신인 해상보안청에서 Y위원회, 해상경비대 그리고 경비대를 거쳐 1954년 7월에 해자대가 창설되기까지의 과정은 상대적으로 순탄했다. 일본은 비록 패전국이었지만 한국과는 달리 일본 정부가 중심이 되어 미 점령군과 책임 있는 협상을 해 왔기 때문에, 해상자위대 전신의 각종 조직들이 체계적으로 재정적 지원을 받으면서 성장할 수 있었다. 한국전 참전으로 인하여 일본 본토에 주둔했던 미군의 공백을 메우기 위하여 점령군이 오히려 창군에 더 적극성을 띠게 되었다.

먼저, 일본은 패전 후 일본 정부가 군정청 간의 교량적 역할을 하였기 때문에 상호 간에 협조가 원활하게 되었고 군정청의 지휘체계도 확립되어 의사소통이 원활했다. 물론 한국전이라는 안보환경이 촉매역할을 하였지만 하여간 미국 군정청이 적극적으로 해상자위대 창설을 독려하는 결과가 되었으며 일본 정부와 지방행정관청을 통한 협력이 원활하게 이루어졌다. 따라서 일본 해상자위대는 상대적으로 좋은 여건에서 기반 구축을 하여 창설되었다.

둘째, 비록 패전은 하였지만 정부의 재정지원은 계속되었다. 물론 패전으로 인하여 재정적 어려움이 수반된 것은 사실이지만 제한된 재정지원은 계속되었고 한국전쟁이 발발한 시점부터는 재정적 지원이 획기적으로 개선되었다.

셋째, 해상자위대는 구 일본 해군의 일부 함정과 기술을 그대로 전수받았다. 육상자위대는 구 일본 육군을 제외하였지만 해자대의 경우에는 소해 등 특별기술의 필요로 구 일본 해군을 활용하였다. 따라서 2차 대전 중 숙련된 고도의 기술이 그대로 해상자위대에 전수되어 조기에 기반구축을 할 수 있었다. 함정의 경우도 소해정 등 일부 함정은 전후 기뢰 제거와 불법선박 감시임무 등을 수행하기 위하여 구 해군의 전력을 운용하였으며 한국전쟁의 특수로 인하여 미국으로부터 적극적인 함정 공·대여를 받을 수 있었다.

특히 양국 해군관계의 역사적 사건이라 할 수 있는 한국전쟁 당시 일본특별소해대의 참전은 양국 관계에 특별한 의미가 있다. 일본의 입장에서도 평화헌법을 빙자하여 참전을 거절할 수 있었지만, 요시다(吉田) 수상은 '국제연합에 협조 한다'는 취지를 분명히 하면서 전략적 선택을 하였다. 더구나 소해 작전 도중에 함정이 기뢰의 폭발로 침몰하고 전사자와 부상자가 발생함에 따라 한국과는 또 하나의 역사적인 관계를 맺게 된 것이다. 당시 여러 가지 여건으로 인하여 철저한 비밀로 하였지만 세월이 경과한 후에 일본 정부는 이 사실을 인정하여 전사자에게 추서함으로써 한국전 참전을 공식화하였다.

또한 이 시기 양국 해군의 공통점이라고 볼 수 있는 부분은 양국 공히 군정통치를 거치면서 미국의 직간접적인 영향을 받은 것이다. 특히 창군 초기에 대부분의 함정을 미국으로부터 공·대여로 획득하였고, 입수한 새로운 무기체계의 운용술을 포함하여 여러 분야의 군사교육을 미국 해군으로부터 이수했다.

한국전쟁에서 지상전선의 파죽지세와는 달리 곳곳에서 승전보를 전했던 한국 해군은 휴전 후 본격적인 전력 확보에 매진하게 된다. 전후(戰後) 군원에 의존한 국가 재정의 특성상 막대한 비용이 수반되는 신형함정의 건조보다는, 미국의 함정을 저렴하게 혹은 무상으로 인수하는 방향으로 전력을 확보해 나갔다.

일본 해상자위대도 평화헌법 등 제도적 걸림돌도 있지만 전후 재정상의 문제로 제1차방에서 제4차방까지는 소극적 방위력 증강단계로 평가되고 있다.82) 따라서 함정 건조로 확보한 전력보다는 미국으로부터 공·대여를 통하여 획득한 함정이 훨씬 많았다. 물론 한·미, 미·일동맹관계 형성으로 필연적이라고 할 수 있지만 이 단계에서 한국 해군과 일본 해상자위대는 미국 해군 함정 및 무기체계를 운용하게 되면서 미국과의 연합작전에 유리한 조건을 형성하게 된다.

결과적으로 이 시기는 초기에 미국 군정 통치하에 미국의 영향을 받게 되는 공통점도 있지만 한국 해군은 창군 당시부터 매우 어려운 여건에서 출발하면서 한편으로는 일본의 영향도 많이 받은 것이 사

---

82) 이동영. "일본의 군사력 증강과 한국안보에 관한 연구", pp.20~25.

실이다. 상대적으로 일본 해군은 유리한 여건에서 출발하였으며, 특히 한국전쟁이라는 변수가 일본이 재무장할 수 있는 결정적 계기가 되었으며, 소해전력의 참전과 흥남철수작전 지원은 한·일 관계 재조명의 모멘트가 될 수 있는 역사적인 사건임이 틀림없다.

나. 한·일 해군의 성장기[83)

1) 한국 해군

가) 한국전쟁 후 전력정비

1953년 7월 27일 휴전협정의 조인으로 3년간의 피어린 동족상잔의 전쟁이 종식된 후 한국 해군은 전쟁의 시련을 딛고 필승해군의 기틀을 다져 가기 시작한다. 정부와 함께 부산으로 이동했던 해군본부는 서울로 환도(還都)하여 조직을 개편하고 1960년 9월 1일에는 대방동 신축 청사로 입주하였으며, 한국함대[84)를 창설하여 함대조직과 해상전력을 정비하였다. 또한 해군대학 및 교육단을 창설하여 장차 해군을 이끌어 나갈 인재양성에 힘썼고 조함창,[85) 보급창, 의무단 및 해군병원 등을 창설하여 전투지원 기능을 보강하였다. 특히 1954년에는 제9기 해군사관생도부터 해외순항훈련을 시작하여 해군장교의 자질 향상과 군사외교를 통해 대한민국 해군의 위용을 전 세계 우방들에게 널리 알리게 되었다.

또한 한국 해군은 1955년 3월에 유엔군으로부터 해상작전 지휘권

---

83) 한국전쟁 이후부터 2008년 말까지.

84) 현 해군작전사령부의 전신으로, 동·서·남해 전 해상 작전부대를 지휘하고 대잠전(對潛戰), 상륙전, 소해전, 구조전 등 성분작전 임무를 수행함.

85) 함정 건조와 정비를 지원하기 위한 부대(함정 정비는 1단계에서 5단계로 분류되는데 5단계 정비는 고도의 전문기술이 요구되는 정비로 정비창에서 지원함)(해군본부 2007, 497).

을 인수받아 한국 전 해역을 독자적으로 방어하게 되었으며, 1955년 부터 모든 함정은 함정대여법86)에 의해 미국 정부에서 대여하는 형식으로 인수하였다.87) 해상전력은 계속적으로 확보되어 호위구축함(DE), 고속수송함(APD) 시대를 거쳐, 1963년에는 드디어 오랜 숙원이던 구축함(DD)88)을 도입함으로써 전투력을 크게 향상시켰다.

해상전력의 증강과 아울러 해상작전능력을 향상시키기 위하여 한·미 연합훈련을 착수하였다. 최초 연합훈련은 1960년 4월 26일 남형제도 근해에서 미국함정 1척과 한국 군함 3척이 참가한 사격훈련이며, 1962년 6월 18일에는 미국 잠수함 1척과 한국 대잠함(對潛艦) 5척으로 최초 한·미 대잠훈련(對潛訓練)89)을 시작하여 연합작전능력을 향상시켜 왔다.90) 한·미 해군 간 대잠훈련을 강화한 배경은 한국은 잠수함을 보유하고 있지 않은 데 반해, 김일성의 전쟁 패인(敗因) 인식에 따라 북한은 소련제 R급 및 W급 잠수함을 다수 보유하여 운용하고 있었기 때문에 이에 대응하기 위함이었다.91) 해상세력은 대잠수함 전력을 중심으로 지속적으로 도입하여 1964년 3월 3일 기준 전력 현황은 <표 2-4>에서 보는 바와 같으며 주로 미 해군이 2차 대전 말

---

86) 미 해군함정의 대여가 이루어지려면 미 행정부가 의회에 상정한 해군함정대여 군원예산안이 통과되어야 한다(군사연구소 1998, 137).

87) 오진근 외. 「해군 창설의 주역 손원일 제독」. p.452.

88) 최초의 구축함은 1943년 미국 BATH MAINE 조선소에서 건조되어 2차 대전 시 혁혁한 전과를 올린 바 있는 충무함으로 1963년 5월 16일 LONG BEACH에서 미 해군으로부터 인수함. 1964년부터 6회에 걸쳐 대간첩 작전에 참가하여 빛나는 전공을 세우고 1990년 3월에 퇴역하였음(해군본부 1996, 67).

89) 익명을 '태권도'라고 하며 한·미 연합훈련에서 가장 비중이 큰 훈련으로 1962년 이후 매년 2-3회 실시해 왔으며, 2000년 중반부터는 한국 해군의 수중전력 능력이 신장되어 단독훈련으로 대체함.

90) 해군본부. 「사진으로 본 해군 50년사」. p.22.

91) 한국전쟁 직후 북한군의 군사체제에서 나타난 특징은 잠수함함대를 건설하고 이를 지속적으로 발전시킨 것이며, 이것은 한국전쟁교훈으로 3면 바다와 해안선을 전선화하기 위함이며 이로써 고전적인 잠수함에 의한 침투와 원자력 발전소 공격 및 게릴라 침투 능력도 구비하게 됨(이기택 2002, 241~242).

기에 사용하던 노후 함정들이다.

〈표 2-4〉 '64년 해군함정전력 현황

구 분	척 수	구 분	척 수
DD(Fletcher)	1	PC	4
DE	3	PCS	2
APD	1	MSC	11
PCE	1	LST	8
PCEC	8	LSM(R)	12
총계			51

자료 출처: *Jane's Fighting Ship '64-'65*

    한국전쟁 당시 유엔군에게 이양된 해상작전 지휘권이 1955년 3월에 한국 해군에게 이관은 되었지만, 한국 해군의 전력은 독자적인 해상 방어를 하기에는 턱없이 부족한 수준이었다. 당시 국가재정도 대부분 군사원조에 의존하는 상태로 충분한 지원이 불가했으며, 결과적으로 미국 해군의 퇴역 함정을 무상 혹은 저렴한 가격으로 인수하여 운영하는 것이 최선의 방책이었다. 대부분 함정들은 퇴역 후 오랫동안 치장(置藏)[92] 혹은 방치상태에 있었기 때문에 고철에 가까운 선체를 각고의 노력으로 정비하여 전비태세를 유지하였다. 한편 미국으로부터 획득한 함정으로 일찍이 한·미 연합훈련을 실시함으로써 선진 전술을 터득하는 계기가 되었고 양국 해군 간의 친목과 우호를 다질 수 있었다.

나) 해군 전력 건설

    한국 해군은 한정된 군사원조와 예산으로 더 많은 전투함을 도입

---

92) 전시편제(認可) 소요를 위하여 확보한 장비 및 물자 중 운용하지 않고 일정한 장소에 저장 관리하는 것(해군본부 2007, 570).

해야 하는 입장이기 때문에, 주로 미국 예비함대에 편성된 함정을 인수 후 진해공창에서 정비하여 재취역시키는 방법으로 전력을 확보했으며, 1968년 4월 27일에 두 번째 구축함을 미국에서 도입한 이래 1973년까지 총 5척의 구축함을 계속 도입하였다.

1971년 10월에는 고속함(PGM)[93]을 도입하여 해상초계 및 봉쇄작전에 투입하게 되었으며, 1972년 11월 18일에는 우리 해군 기술진에 의해 건조된 최초의 고속정인 '학생호'가 명명식을 가졌다.[94]

또한 1973년 5월 22일 대통령령 제6,684호에 따라 1973년 7월 1일 제1, 2, 5 해역사령부를 창설하였으며, 계속하여 1974년 1월 28일 제3, 6 해역사령부를 창설하고 관할 해역의 해군기지 지휘와 해상방어임무를 수행하게 되었다. 1974년 한국 해군의 해상전력 현황은 <표 2-5>와 같다.

〈표 2-5〉 '74년 해군함정 전력 현황

구분	수(척)	구분	수(척)
DD(Fletcher)	7	PB	9
DE	3	PC	3
APD	6	MSC	12
PCE	3	LST	8
PCEC	8	LSM	11
PGM	1	LSMR	1
PB	8	ATA	2
총계			82

자료 출처: *Jane's Fighting Ship '73-'74*

---

93) PGM에는 Standard Arm으로 명명된 Passive MSL을 탑재하여 본격적인 함대함(艦對艦) 미사일 시대를 개막하게 되었다. Standard Arm MSL 는 Passive 기능이기 때문에 해상 표적뿐만 아니라 지상의 전파원을 공격할 수 있어 적 지상 미사일 기지 등을 공격하는 임무가 부여되기도 하였음.

94) 이 고속정이 조함사(造艦史)에 있어서 가장 뜻 깊은 것은, 전국 8백만 학생과 20만 교직자들의 애국 방위성금으로 순수 국내 기술에 의해 설계 및 건조되었기 때문에 특별한 의미가 있는 함정이다(해군본부 1994, 46).

1974년 말 함정전력은 1972년부터 국산 고속정 생산이 시작되긴 하였으나, 대부분은 미국 해군이 2차 대전 시 건조한 노후한 함정을 인수하여 사용하고 있었다.[95] 당시 1970년대 초 해군작전의 주요 관심사는 해상 대간첩작전이었다. 따라서 함정 건조 우선순위도 북한의 무장간첩선에 대응하기 위한 전력을 우선 확보하는 것이다. 따라서 소형이며 고속으로 기동하는 간첩선에 용이한 대응이 가능한 고속정을 집중 건조하게 되었다.

다) 율곡사업을 통한 자주국방 조성

박정희 대통령이 1973년 4월 19일 을지연습[96] 시 국방부 순시 중 "자주국방을 위한 독자적인 군사전략을 수립하고 전력증강계획을 발전시키도록 하라."는 지시를 하였다. 이에 따라 국방부는 국방 8개년 계획[97]을 수립하여 율곡사업[98]이라는 최초의 자주적 전력증강계획을 추진하였다. 이에 따라 해군은 1975년 1월 10일 해군본부 군수참모부에 율곡단을 편성하여 해군전력증강사업을 본격적으로 착수하게 되었다. 따라서 1975년도부터는 방위세를 재원으로 국산 전투함을

---

95) 함정의 수명주기는 통상 25~30년인데 인수 당시 최초의 구축함인 충무함을 비롯하여 대부분의 함정이 수명주기가 경과된 노후 함정이었음(http://cafe.daum.net/hanryulove/KTsc/16257: 검색일 '09.7.30.).

96) 일명 정부연습으로서 전시, 사변 또는 기타 국가 비상 시 민·관·군이 합동으로 나라를 지키기 위해, 국가총력전을 수행할 수 있도록 매년 1회 실시하는 범국민적 연습임. 을지연습은 행정안전부가 주관하며 '을지'라는 명칭은 고구려 때의 을지문덕 장군이 살신성인의 자세로 나라를 지킨 호국정신을 기리고 본받자는 측면에서 그의 성을 따온 것임(http://ask.nate.com/qna/view.html?n=4404022: 검색일 '09.7.20.).

97) 자주적 전력증강 사업인 제1차 율곡계획으로 1974~1981년간 8년 계획으로 국방비의 17%에 해당하는 15.3억 달러로 계획되었다. 그러나 이 역시 예상외의 경제성장으로 인해 60.3억 달러로 늘어났으며 이는 국방비의 32%에 해당함(http://kookbang.dema.mil.kr/kdd/columnTypeView.jsp?kindSeq: 검색일 '09.7.17.).

98) 1976년 당시 카터 미 행정부가 유신체제의 인권탄압 등에 대한 시정요구를 하며 군사원조 중단을 위협수단으로 내세우자 박정희 대통령이 자주국방 이름하에 시행한 무기 및 장비 현대화 사업에 붙인 암호명. 이는 10만 양병을 주장했던 율곡 이이 선생의 호를 빌린 것으로 율곡의 '유비무환 사상'을 본받고자 하는 뜻이 내포됨(http://blog.naver.com/jmw8282/140055467630: 검색일 '09.7.17).

건조하여 신예국산 전투함을 주축으로 전력구조를 개편하고, 대잠초
계기와 함재헬기 그리고 '현대전의 총아(寵兒)'라고 불리는 각종 유도탄
을 본격적으로 확보하는 등 최신 해상무기체계를 보유하게 되었다.[99]

1975년 8월 두 차례에 걸쳐 실시한 함대함(艦對艦) 미사일 시험발사
는 국민의 방위성금으로 건조된 국산 고속정에 의하여 이루어진 쾌
거로서 자주국방의 긍지를 불어넣어 주었다.

고속정(함) 건조는 북한의 해상을 통한 대남전략을 봉쇄하기 위하
여 시작되었다. 1970년대 초반 북한이 무장간첩선을 취약한 해상으로
많이 침투시켰기 때문에 이를 격퇴하기 위한 전력이 긴급히 요구되
어 고속정을 집중적으로 건조하게 되었다.

호위함은 최초 기본설계만 실시하고 추후 경제 여건이 허락하면
상세 설계 및 건조를 실시하려 했으나, 자주국방의 의지, 국내 조선공
업의 발전 및 국가경제 성장에 힘입어 해군의 기술 주도하에 국내 기
술진에 의해 상세설계 및 건조를 계속 추진하였다. 1980년 현대중공
업에서 완성한 최초의 국산 호위함 '울산함'의 건조는 명실 공히 국
내 군함건조기술 수준을 세계에 널리 과시하는 계기가 되었고, 군함
수출의 기틀을 마련하였다.

초계함은 고출력 가스터빈과 자동 사격통제장치 및 최신 음탐기
등의 장비를 탑재하여 대함(對艦)·대공(對空)·대잠전(對潛戰)을 동시
에 수행할 수 있는 연안 경비함으로 코리아 타코마 조선소[100]에서 기
본설계를 실시하여 1983년 대한조선공사에서 1번함을 건조하였으며

---

99) 해군본부. 「사진으로 본 해군 50년사」. p.67.

100) 마산에 위치한 코리아타코마 조선소는 1999년 3월 한진중공업으로 합병
(http://WWW.hhic-holdings.com: 검색일 '09.7.20.).

총 27척을 건조하였다. 초계함의 역할은 유사시 연안 접근을 시도하는 적 고속정 및 상륙세력 차단과 한국 고속정의 지휘통제함 임무 등을 수행하는 것이다.

기뢰탐색함은 최첨단 음탐기를 탑재하여 수중 해저물체의 정밀탐색은 물론 수중에 부설된 기뢰를 탐색 및 식별하여 무인 기뢰처리기와 소해구로 제거하는 함정으로 1987년 세계에서 4번째로 강남 조선소에서 건조하였다.

군수지원함은 최첨단 해상보급체계를 갖추고 항해 중 전투함정에 유류, 탄약 및 식량 등 긴요 물자를 공급할 수 있는 해상 보급함으로 해군의 기술지도 아래 현대중공업에서 1988년 설계 및 건조하여 1990년 완공하였다. 군수지원함의 확보로 해상 기동군수지원 능력이 향상됨으로써 전투함정의 작전 지속능력 및 원해작전능력[101]을 향상시키게 되었다.

상륙함은 상륙군 병력, 장비, 탄약 및 보급품을 적 해안에 상륙시킬 수 있는 함정으로 해군의 기술지도 아래 코리아 타코마 조선소에서 1989년 설계 및 건조 착수 후 1993년 준공하였다. 이 함정은 구형상륙함[102]의 대체전력으로 확보하였지만 여러 측면에서 성능이 향상되었다.

고속 상륙정은 해변상륙 또는 특수전 요원 기습상륙을 위한 공기부양정으로 코리아 타코마에서 건조되었다. 해군에서 최초로 건조한 고속 상륙정은 60노트 이상의 경이적인 속력과 경사면 등반 능력 등 우수한 성능을 보여 주었으며 이 전력은 초수평선 상륙작전[103] 수행

---

101) 배타적 경제수역(EEZ) 외곽에서 국익보호 및 불특정 위협에 대비하여 감시 및 초계활동 임무를 수행하는 능력(해군본부 2007, 381).

102) LST(Landing Ship Tank): 선수문(bow door)이 열려 선창이나 상갑판에 병력, 탱크, 물자를 양륙할 수 있게 되어 있는 미국의 상륙용 함정으로 주로 1940년대 건조되었음(해군본부 2007, 277).

등 미래전쟁에 대비한 전력으로 건조되었다.

한국 해군은 1970년대 후반부터 수중전력 획득을 추진하여 1987년부터 '잠수함 사업단'을 구성하고 획득사업을 본격적으로 착수하였다. 최초 잠수함인'209급 장보고함'은 독일에서 건조하여 1992년 10월에 인수한 후 국내로 도입하였으며, 2번함인 '이천함'부터는 국내 방위산업체에서 건조·취역시켜 운용하고 있다. 잠수함은 은밀성을 생명으로 어뢰, 기뢰 및 대함(對艦) 미사일의 무장과 레이더, 소나, 최신형 전투체계 등 최첨단 전자 장비를 갖추고 있다. 잠수함 운용이 일본과는 상당한 격차가 나지만 한국 해군도 명실 공히 해중, 해상, 공중의 입체적 전력을 운영하게 되었으며 1992년 말 해군 전력 현황은 다음 <표 2-6>과 같다.

〈표 2-6〉 '92년 해군함정 전력 현황

구 분	수(척)	구 분	수(척)
잠수함	7	기뢰탐색함	4
구축함	9	소해함	8
호위함	7	대형상륙함	7
초계함	26	중형상륙함	7
고속유도탄함(정)	11	구조함	2
고속정	66	군수지원함	1
합계			155

자료 출처: *Jane's Fighting Ship '91 - '92*

자주국방 조성기에 이룩한 전력은 <표 2-6>과 같이 호위함, 초계함, 고속정을 중심으로 국내건조 함정의 비중이 증가되고 있으며,

---

103) 초수평선 상륙작전(OTH Amphibious operation)은 고속상륙단정이나 헬리콥터 등을 이용하여 적의 가시거리 및 레이더 탐지거리 외곽에서 발진하여 실시하는 상륙작전(해군본부 2007, 557).

어느 정도 입체적 전투능력과 함포 시대를 거쳐 미사일 시대로 접어
드는 변화를 보였고, 군수지원함을 확보함으로써 대양작전시대를 내
다보게 되었다.

라) 대양 해군 시발

한·일 간 독도 영유권문제나 중국과의 배타적 경제수역 분쟁은
우방국 미 7함대 전력이 아닌 한국 해군의 능력으로 대응해야 한다.
국민들은 주변국과 도서나 해양자원의 관할권 문제가 야기되면 해군
력 증강의 필요성을 절실히 인식하게 된다. 아마 독도와 한·일 어업
관할권문제가 상충되고 평시 작통권이 환수된 1990년대 중반이 그런
시기로 인식되고 있다.

한국전쟁 시 유엔군 사령관에게 이양되었던 한국군의 작전 지휘권
을 1970년대 후반부터 한·미 연합사령부가 행사하여 오다가, 1994년
12월 1일 한·미 연합사로부터 한국군(합참)이 평시 작전통제권을 환
수하게 되었다. 44년 만의 평시 작전통제권 환수는 자주국방의 기틀
을 확고히 하는 역사적인 사실이며, 국군의 자긍심 고양과 함께 국가
보위에 대한 책임감과 역할이 증대되게 하였다.

한국 해군은 그간 취약 분야였던 수중전력의 강화를 위하여 장보
고함을 독일에서 도입한 후 국내 기술진에 의해 잠수함을 건조하고
있으며, 1995년도에는 해상 초계기인 P-3C기를 도입함으로써 대양
해군의 기반을 착실히 구축해 나가고 있는 것이다. 한편 1980년대 초
부터 기초연구를 시작한 한국형구축함(KDX) 사업은 1994년 3월 11일
KDX-Ⅰ 1번함을 착공하였으며 그 후 KDX-Ⅰ 2척이 추가 건조되
었다. 대공방어능력을 크게 향상시킨 KDX-Ⅱ 사업은 1998년 착수하

여 2004년부터 2008년까지 총 6척을 건조하였다.[104] 그간 취약한 분야였던 상륙작전 능력 향상을 위해 2002년 10월에 대형 상륙함(LPH) 건조가 시작되어 2007년 7월 취역하였다.[105] 대형 상륙함은 현대적인 상륙개념인 초수평선 작전개념에 따라, 기존의 연안 접안형 상륙함 대신에 고속 공기 부양선과 헬기를 이용하여 신속하게 상륙작전을 펼칠 수 있는 미래형 강습 상륙함으로 기동함대에 운영될 예정이다.[106]

KDX 사업의 마지막으로 대양해군의 핵심세력이라고 할 수 있는 KDX-Ⅲ 사업의 1번함인 세종대왕함[107]이 2007년 5월 25일 진수하여 2008년 12월 22일 취역하였다. 2010년과 2012년에 각각 1척씩 건조하여 총 3척을 확보할 계획이다.[108] 세종대왕함은 SM-2 블록 111B 미사일을 주력무기로 장착하며 블록 111B는 블록 111A의 기능에 순항미사일 요격기능을 추가한 것이다.[109]

또한 현대전의 핵심 억제전력이라고 할 수 있는 3,500톤급 전략잠수함 사업이 순조롭게 추진되고 있다.[110] 앞으로 전략잠수함 사업이

---

104) Jane's INC. 「Jane's Fighting Ships」(London: Jane's INC, 1991). p.402.

105) 독도함(LPH-6111)은 대한민국 해군의 대형 수송함 겸 상륙함으로 2002년 10월 말에 한진중공업이 해군으로부터 수주를 받아 건조를 시작한 후, 2005년 7월 12일 진수하였고 2006년 5월 22일부터 시운전을 시작하여 2007년 7월 3일 취역함. 정식 명칭은 LPH(Landing Platform Helicopter) 대형 상륙함이며 한국은 물론 아시아에서 가장 큰 상륙함으로, 한국 해군이 추진하는 LPX(Land Platform Experimental) 가운데 1번 함이다(위키 백과사전).

106) http://ref.daum.net/item/9439973: 검색일 '09.3.7.

107) 한국 해군 최초의 이지스함으로 제원 및 성능은 다음과 같으며 조선시대 임금인 세종대왕을 기념하여 명명.

배수량	7600톤(경하)	전장	166M
최고속력	30KTS	전폭	21m
순항속력	17KTS	승조원	300명
항속거리	5500NM	단가	1조 1000억(원)

자료출처: 『신(神)의 방패 이지스』

108) IISS. 「2007~2008 the Military Balance」(London: IISS, 2007). p.257.

109) http://enc.daum.net/dic100/contents.do?query1=10xxx64131: 검색일 '09.5.12.

110) 2007년 국방예산에 62억 원 반영(국방일보 2006.6.29.).

완료되면 기동함대의 능력을 구비하게 되어 대양해군으로서 기능발휘에 손색이 없을 것으로 예측된다.[111]

대양해군 건설 기치 아래 착실히 전력증강을 추진해 온 2008년 말 기준 한국 해군의 최신 해상전력 현황은 <표 2-7>과 같다.[112]

<표 2-7> '08년 해군 주요 전력 현황

o 함정

구 분	보유 수(척)	기준배수량(천 톤)
호위함	19	55.3
잠수함	10	13.4
기뢰함정	9	6.9
초계함	28	26.2
고속정	83	11.0
수송함	9	20.5
보조함정	6	21.4
계	164	143.7

자료 출처: *Jane's Fighting Ship ''07-'08*

o 주요항공기

형식	기종	용도	보유수	최대속도(kts)	작전반경(nm)	상승고도(ft)	무장
고정식	P-3C	초계	8	411	4,000	28,300	4H/P
	Caravan Ⅱ	훈련/지원	5	229	1,284	30,000	none
회전식	Super Lynx	초계	24	125	320	12,000	MK46T/D, 4 Sea skua
	ALT-Ⅲ	초계	6	113	290	10,500	unarmed

자료 출처: *Jane's Fighting Ship '07-'08*

---

111) 「연합뉴스」. 2007년 4월 1일.

112) 함 분류기준은 일본 해자대와 상대적인 비교를 위해 해상자위대 함정분류 기준과 동일하게 하였음.

※ 제원

종류별	형태별	기준배수량 (톤)	최대속도(노트)	주요무장	
호위함	세종대왕형	7,000	30	• 127mm 포×1 • 1 GoalKeeper, 1 RAM • 이지스장치 1식	• VLS 장치 1식 • SSM 장치 1식 • 어뢰발사 장치 2식
	충무공 이순신형	4,370	29	• 127mm 포×1 • 1 GoalKeeper, 1 RAM	• VLS 1식(대공·대잠) • SSM장치 1식
	광개토 대왕형	3,180	30	• 127mm 포×1 • 2 GoalKeeper	• Sea Sparrow VLS • SS장치 1식 • 6MK 32T/D TUBE
	울산형	1,400	34	• 76mm 포×2 • twin Breda 3~4문	• SSM 장치 1식 • 6MK 32T/D TUBE
잠수함	손원일형	1,860	20	• 8 - 21in bowtube	
	장보고형	1,285	22	• 8 - 21in bowtube	
기뢰함	강경형	470	15	• 20mm 기관포 1문 • 7.62mm MGS 2문	• 소해장치 1식
	양양형	730	15	• 20mm 발칸 1문 • 7.62mm MGS 2문	• 소해장치 1식
초계함	포항형	936	32	• 76mm 포×2 • Breda 40mm 2문	• SSM장치 1식
고속정	참수리형	133	37	• 30mm or 40mm 1문 • 20mm 발칸 2문	
수송함	독도형	1,300	22	• 2 GoalKeeper, 1RAM	• 수송용 헬기 10대

2) 성장기 일본 해상자위대

가) 제1차 방위력 정비계획[113](이하 1차방)

일본은 1954년 7월 자위대 창설 이후 1955년 4월 사세보(佐世保) 항 근해 흑도(黑島) 남방 해역에서 '소해 특별훈련'이라 불린 최초 미·일 연합훈련을 실시하였다. 해상자위대는 처음부터 미국 해군의 발전된 전술 전수를 희망했고, MAAG(고문단)의 조언과 대원들의 미국유학

---

113) 1차방은 1958~1960년까지 3년 동안 방위력 정비계획이었으나. 해상자위대는 1962년까지 5년의 정비 계획을 수립함(해군본부 1997, 174).

등을 통하여 기본적인 지식은 숙지하였으나 아직 숙련되지는 못했다. 그러나 이 연합훈련을 통하여 당시로서는 획기적인 편대소해작전을 성공적으로 수행할 수 있게 되었으며, 미·일 간 상호 의사소통이 더욱 원활하게 되었다. 또한 이 소해특별훈련의 성공을 계기로 대잠수함전에 대해서도 이런 유형의 훈련을 실시하게 되었고, 1957년 9월에는 시코쿠(四國) 남방 해역에서 처음으로 '대잠수함특별훈련'이 실시되었다. 그 후 '특별훈련'이라고 불리게 된 이러한 훈련들은 해상자위대의 전투능력 향상과 전술개발에 크게 공헌했을 뿐만 아니라, 미국 해군과의 긴밀한 상호협력체제 유지에 중요한 역할을 수행하게 되었다.[114] 또한 이와 같은 연합훈련은 전력증강의 촉진 요인이 되기도 하였다.

1958년 1차방부터 1976년 4차방까지는 전수방위에 입각한 국방기본방침으로 인하여 소극적인 방위력증강기간으로 볼 수 있다. 제1차 해상자위대 방위력 정비계획은 함정 12만 4천 톤 확보를 목표로 하였고 최초의 방위력 정비계획으로서 당시 급속히 진행되고 있는 주일(駐日) 미군의 철수로 발생하는 힘의 공백을 메우는 데 역점을 두었다. 1차방의 기본방침은 첫째, 국제연합의 활동과 국제간의 협조를 도모하고, 국력과 국정에 맞는 자위를 위해 필요한 한도 내에서 효율적인 방위력을 점진적으로 정비하는 것이다. 이를 근거로 한 해자대의 방위구상 방향은 특별히 '해상 교통로보호'[115]를 강조하였고, 대응전력으로 잠수함 및 어뢰정 확보도 거론되었지만 시기상조로 제외되었다.

해상자위대의 전신 조직인 해상경비대는 육상자위대의 전신인 경

---

114) 해군본부. 「일본·영국 해군사 연구」. p.170.

115) 해상교통로를 확보하지 못하면 천연자원이 부족한 일본에 있어서 나라의 존립을 좌우하는 사활적인 문제로 제2차 대전 말기에 연합군에 의해 해상교통로가 차단당해 전쟁에 패배했다는 것을 역사적 교훈으로 인식함. 즉 해군의 2대전략 가운데 함대결전만을 고집하고 해상 호위전략은 등한시한 결과임(해군본부 1996, 74).

찰예비대가 구 일본 육군이 배제되었던 것에 반해 해상경비대는 처음부터 구 일본 해군을 중심으로 구성되었다. 따라서 함정건조와 운영에 대한 기술이 그대로 전수됨으로써 <표 2-8>과 같이 1차방부터 여러 유형의 함정을 활발하게 건조할 수 있는 능력을 보유하고 있었다. 그러나 1차방은 패전 후 미국 등 국제관계나 국내 여론을 고려하여 방위산업의 자립기반을 앞당길 수 있는 토대를 마련한 것이며 최소한의 방위전력만 정비하는 계획이라고 볼 수 있다.[116]

기간 중 전후(戰後) 재정의 제한으로 함정건조계획은 51척이었으나 실제 33척만 완료되어 65% 수준에 불과하였는데, 미국으로부터 공·대여가 계획보다 훨씬 늘어나 전체적으로는 계획을 초과하였다.

〈표 2-8〉 해자대 제1차 방위력 건조계획 달성결과

구분		함종(톤)	1958년도	1959년도	1960년도	1961년도	계
국 내 건 조		호위함(1,800)	2 DDK	0	1 DDG	0	3(8)
		호위함(1,450)	-	2	-	2	4(-)
		구잠정(320~450)	2	3	0	2	7(20)
		소해정(350)	4	2	2	2	10(16)
		소해정(45)	0	0	0	0	0(4)
		잠수함(700)	0	2	2	0	4(3)
		잠수함(1,500)	-	-	-	1	1(-)
		어뢰정(120)	-	-	1	-	1(-)
		특무정ASH(30)	1	-	-	-	1(-)
		잠수함구난함(1,250)	-	1	-	-	1(-)
		급유함(3,500)	-	-	1	-	1(-)
	소계	척수	9	10	7	7	33(51)
		톤수	5,630	7,760	8,280	6,130	27,800(31,280)

---

116) 이동영, "일본의 군사력 증강과 한반도 안보에 관한 연구", p.16.

구분	함종(톤)		1958년도	1959년도	1960년도	1961년도	계
공·대여	구축함(2,050)		2	2	0	–	4(2)
	소해정(310)		2	–	–	–	2(0)
	초계함(18)		8	–	–	–	8(0)
	경순양함/구축함		0	0	0	–	0(1)
	특무정ASH(30)		6	2	4	–	12(1)
	LCM(22)		–	–	–	13	13(–)
	LST(1,650)		–	–	–	3	3(–)
	소계	척수	18	4	4	16	42(4)
		톤수	5,044	4,760	120	5,236	15,160(10,900)
LST(1,650)			–	–	1	–	1(–)
합계			27	14	12	23	76(55)

자료출처: 『일본·영국 해군사 연구』
주 1) 계의 ( )는 1차방 계획 시의 척수를 표시
주 2) 함종의 ( )는 1차방 계획 시의 톤수를 표시

나) 제2차 방위력 정비 계획(이하 2차방)[117]

2차방은 1960년 1월 19일 '미·일 상호조약 및 안전보장조약'을 근거로 작성되었다. 따라서 미·일 안보체제하의 공동작전은 유사시 전략적 공세 측면은 미 해군이 담당하고, 방어적인 측면은 해상자위대가 담당하도록 되어 있고, 해상방위의 주안점은 해외로부터 수송하는 선박의 안전을 위해 해상교통로를 보호하는 것이다. 내면적인 목표는 구소련의 남진정책을 방어하기 위해 소련 잠수함의 활동을 봉쇄하는 것이다. 당시 자위대가 보유하고 있던 프리키트함과 상륙주정 등의 함선은 상당 부분 2차 대전 당시 미군이 사용하던 것이다. 따라서 2차방은 노후한 무기체계를 신식무기로 교체하는 것으로, 가장 주목할 점은 미사일을 생산하고 대잠능력을 강화하는 등 전술적 공격력을 구비하는 것이다.[118]

---

117) 1961년 7월 18일 각의에서 해상자위대의 2차방을 1962년부터 5년간으로 결정(해군본부 1997, 187).

⟨표 2-9⟩ 제2차 방위력 정비계획 건조 현황

함종 \ 연도	1962	1963	1964	1965	1966	계
호위함 (3,000톤)	0	1	1	1	1	4(4)
호위함 (2,000톤)	1	1	1	1	1	5(7)
잠수함 (1,600톤)	–	1	1	1	1	4(5)
구잠정 (450톤)	1	1	1	–	–	3(3)
수중익선 (70톤)	–	–	0	–	–	0(1)
소해정 (340톤)	2	2	2	3	2	11(14)
기뢰 부설함 (2,000톤)	–	–	–	0	–	0(1)
잠수함 구난함 (1,500톤)	1	0	–	1	–	2(2)
고속 구명정 (45톤)	–	–	–	–	1	1(1)
연습함 (3,500톤)	–	–	–	–	1	1(1)
합계	5	6	6	7	6	30(39)

주: ( )는 계획 숫자임.
자료출처: 『일본·영국 해군사 연구』

2차방에서 강력히 제기된 헬기항모(CVH) 건조계획은 미국 해군도 적극적 반응을 보였고 해상자위대에서는 탑재기 유형까지 구체화하였으나, 미·일 안보조약의 개정[119]에 따른 국내 여론이 악화되어 결

---

118) 후지와라 아카리. 「일본군사사(軍事史)」. p.377.

119) 주요내용은 "기존 조약 중에서 내란 관련 미국의 개입조항이 삭제되었고, 미국과 일본의 공동방위를 주축으로 한 일본의 핵심 제안 내용이 반영" 그러나 그 내용 중에서 치명적인 폭탄으로 식별된 것은 "미국이 공격을 받을 경우 공동으로 대응해야 하므로 무력사용을 포기한 일본이 미국과 타국의 국제분쟁에 휘말릴 소지가 있다는 것"(Each party recognizes that an attack against either Party in the territories under the administration of Japan would be dangerous to its own peace and security and declares

국 2차방의 최종안에서 헬기항모 건조계획은 표면화되지 못했다. 하지만 해상자위대는 다른 함정에서 헬기항모와 같이 헬기의 해상운용이 가능한 방안을 강구하였으며, 그 첫 번째로, 양륙함 '시레도코'의 일부를 개조하여 헬기 해상운용 테스트를 실시했고 그 후 형태를 달리해 헬기 탑재 호위함(DDH)의 건조로 변천되었다. 이와 같이 2차방부터 일본은 해양통제 능력의 확충을 위한 전력을 건설하기 시작한다. 기간 중 39척 계획에 30척을 완료함으로써 1차방보다 향상된 77% 수준을 유지하였다.

다) 제3차 방위력 정비계획[120](이하 3차방)

3차방의 방위력 정비목표는 '재래식 무기에 의한 국지전 침략사태에 가장 효과적으로 대처할 수 있는 능력 확보'로 정했다. 이를 위하여 해상자위대에는 주변 해역 방위능력을 강화할 수 있도록 대잠(對潛) 헬기 탑재 호위함(4,700톤급) 2척, 대공(對空)미사일 탑재 호위함(3,000톤급) 1척, 그 외에 호위함 13척(2,000톤급 3척, 1,500톤급 10척), 잠수함(18,000톤급) 5척을 건조토록 계획되었으며 이로써 일본은 본격적인 대잠수함 공격능력을 보유할 수 있게 되었다.[121]

일본은 해상자위대 발족 당시부터 미국이 대소전략(對蘇戰略)의 일익을 담당하기 위해 소련 잠수함의 감시, 경계임무가 부과되었지만, 3차방에 와서야 독자적인 대잠(對潛) 공격능력을 확보하게 되었다. 또

___

it would act to meet the common danger in accordance with its constitutional and processes)이다 (http://whitebase.egloos.com/4118634: 검색일 '09.7.20.).

120) 사토 내각은 1967년 3월 국방회의에서 1967년부터 1971년에 걸친 5개년 방위력 확장계획 결정(해군 본부 1996, 194).

121) 해군본부. 「일본·영국 해군사 연구」. p.194.

한 3차방의 특징은 핵 장비가 가능한 신무기 정비로 미국의 전략 체제에 밀착, 결부시킨다는 방향이 명백했다. 이것은 미국이 월남전 수행으로 발생한 새로운 사태에 대처하기 위해, 자위대에 추가 역할을 부여한 것이다.[122]

3차방도 계획 대비 전체적으로는 75% 수준에 불과했지만, 미사일 탑재 호위함 등 주요 전력이 100% 완료된 것으로 볼 때 대잠수함 공격능력 중심의 '주변 해역 방위능력 강화'라는 해자대의 목표가 대부분 달성되었음을 의미한다.

〈표 2-10〉 제3차 방위력 정비계획 건조 현황

함종	연도	1967	1968	1969	1970	1971	계
경비함	헬기 탑재 호위함(4,700톤)	–	1	–	1	–	2(2)
	미사일 탑재 호위함(3,900톤)	–	–	–	–	1	1(1)
	호위함 DDK (2,000톤)	1	–	1	–	1	3(3)
	호위함 DE (1,450톤)	1	2	1	2	1	7(8)
	잠수함 (1,800톤)	1	1	1	1	1	5(5)
	양륙함 (1,450톤)	–	–	–	1	–	1(0)
	소해정 (380/42톤)	2	2	2	2	4	12(14)
	기뢰 부설함 (2,000톤)	–	–	1	–	–	1(1)
	소해모함 (2,000톤)	–	–	1	–	–	1(1)

---

122) 후지와라 아카리, 「일본 군사사(軍事史)」, p.400.

함종	연도	1967	1968	1969	1970	1971	계
	어뢰정 (90톤)	–	–	1	1	1	3(5)
	초계정 (18톤)	–	–	–	4	2	6(16)
	소계	5	6	8	12	11	42(56)
특 무 함	훈련지원함 (200톤)	1	–	–	–	–	1(1)
	잠수함 구난함 (1,500톤)	1	–	–	–	–	1(1)
	해양관측함 (1,500톤)	1	–	–	–	–	1(1)
	특무정 (45톤)	–	0	–	–	–	0(1)
	소계	3	0	–	–	–	3(4)
합계		8	6	8	12	11	45(60)

자료출처: 『일본·영국 해군사 연구』
주 1) 함종의 ( )는 3차방 계획 시의 톤수를 표시.
주 2) 계의 ( )는 3차방 계획 시의 척수를 표시.

라) 제4차 방위력 정비계획[123](이하 4차방)

4차방은 주변 해역 방위능력과 해상교통로의 안전 확보 능력 향상을 목표로 하였다. 이를 위해 대잠(對潛) 헬기 탑재 모함(DDH) 2척, 함대공(艦對空) 미사일 탑재 호위함(DDG) 1척, 함대함(艦對艦) 미사일 탑재 호위함(DDA) 1척을 포함하여 호위함 13척, 잠수함 5척 등을 확보하는 계획이며 세부 현황은 <표 2 – 11>과 같다(해군본부 1997, 206).

---

123) 1972년~1976년(해군본부 1996, 206).

〈표 2-11〉 제4차 방위력 정비계획 건조 현황

함종		연도	1972	1973	1974	1975	1976	계
경비함		헬기 탑재 호위함(5,200톤)	–	–	0	1	1	2(2)
		미사일 탑재 호위함(3,900톤)	–	1	–	–	–	1(1)
		호위함 DDA (3,600톤)	–	–	–	0	–	0(1)
		호위함 DDK (2,500톤)	–	–	1	0	0	1(3)
		잠 수 함 (2,200/1,800톤)	1	1	0	1	0	3(5)
		소 해 정 (420/380톤)	2	2	2	3	1	10(15)
		소해정 (50톤)	2	2	–	–	–	4(4)
		어뢰정 (100톤)	1	1	0	–	–	2(3)
		어뢰정 개량 (160톤)	–	–	–	0	0	0(3)
		초계정 (18)	3	–	–	–	–	3(3)
		수송함(大) (2,000톤)	1	1	1	–	–	3(3)
		수송함(小) (1,500톤)	1	0	–	1	–	2(2)
		소계	14	9	4	6	2	35(51)
특무함		잠수함 구난함 (2,700톤)	–	–	–	–	0	0(1)
		해양관측함 (2,000톤)	–	–	–	–	1	1(1)
		보급함 (5,000톤)	–	–	–	0	1	1(1)
		소계	–	–	–	0	2	2(3)
합계			14	9	4	6	4	37(54)

자료출처: 『일본 · 영국 해군사 연구』
주 1) 함종의 ( )는 4차방 계획 시의 톤수를 표시.
주 2) 계의 ( )는 4차방 계획 시의 척수를 표시.

3차방이 끝나고 1972년에 4차방을 검토하였지만, 정치, 경제정세의 변화로 난항을 겪게 되었다. 정치적으로는 다나카(田中) 내각의 자민당이 과반수 의석을 확보하지 못하여 영향력이 약화되었고, 경제적으로는 1973년 오일쇼크로 에너지의 대부분을 페르시아 만의 석유에 의존하고 있는 일본 경제에 큰 타격을 주어 공황상태에 빠지게 되었다. 따라서 4차방은 물가의 상승과 정부의 총수요 억제책의 영향을 받아 전체적으로 계획 대비 68% 수준에 불과하며, 호위함, 잠수함 등 핵심전력이 18척 계획에 불과 7척만 건조가 가능했다. 결과적으로 막대한 비용이 소요되는 군사력 건설은 국가재정 상태에 큰 영향을 받을 수밖에 없으므로 방위청은 4차방 이후를 기대할 수밖에 없었다.[124]

마) 방위계획 대강 단계

일본은 1977년 이후 방위지침으로 '방위계획 대강'이라고 하는 한국의 JSOP[125]와 같은 기획체제의 방위력 정비목표 상한선을 정하는 개념을 도입하였다.[126] 미키(三本) 내각은 1976년 11월 5일 국방회의와 각의에서 방위비를 'GNP의 1% 이내'라는 공식을 확정하여 국민의 지지를 얻도록 노력했다.

방위계획 대강은 기존 군사력에 질적 보완을 계속하여 기반적 방위력[127] 구축에 목표를 둔다는 방침을 갖고 있었다. 즉 양적인 면에

---

124) 후지와라 아카리. 「일본 군사사(軍事史)」. p.420.

125) Joint Strategic Objective Plan(합동군사전략목표기획서): 국방목표 달성과 군사전략 수행을 위한 중장기 군사력 건설소요, 부대기획소요 및 소요의 우선순위를 제시하는 기획문서로서 국방획득개발계획 및 국방중기계획 수립에 필요한 근거를 제공함(해군본부 2007, 641).

126) "방위계획 대강"의 책정 배경은 미국으로부터 오키나와 섬의 반환과 미·소 냉전 상태 지속상태에서 미국의 월남전 패배로 주변정세에 대한 위기감이 조성되고, 일본 자위대가 보유하고 있는 무기체계의 노후화로 질적 개선이 요구되었으며 경제적 성장에 상응하는 적정 수준의 방위력을 정비할 필요성이 대두되었기 때문임(김기호 2006, 453).

서는 4차방의 달성 목표와 큰 차이가 없으나 질적인 향상에 중점을 두었다.128)

(1) 53/56 중기 업무견적(이하 중업)

53중업129)은 방위청에서 각 연도의 방위력 정비방향을 미리 가늠해 보는 것도 반드시 필요하므로, 1977년 4월 방위 제 계획(諸 計劃)의 작성 등에 관한 훈령에 따라 제정된 방위계획으로 중기 업무견적이라 불리는 방위청 내부의 방위력 증강계획이다. 53중업은 1980년부터 1984년까지 5개년간의 방위력 증강계획으로 5차방이라고 할 만큼 방위력 증강의 성격이 현저했다.130)

53중업의 주요내용을 보면 해상자위대는 남서제도(오키나와 근해) 주변 해역의 방위체제를 정비하기 위하여 오키나와 항공대를 제5항공군으로 개편하고, 주변 해역의 방위능력 및 해상교통로의 안전 확보능력을 향상시키기 위하여 호위함 16척, 잠수함 5척, 소해정, 잠수함 구난모함, 해양관측함, 보급함 등 함정 39척을 건조하는 것이다.

그러나 이러한 53중업의 정비내용도 예산상의 문제 등으로 방위계획 대강에 제시된 목표에는 미달되는 수준이었다. 53중업 해상자위대의 세력 추이는 <표 2-12>와 같다.131)

---

127) 일본의 방위는 '주변 해역의 분쟁파급'과 '소규모 기습적 침략' 가능성에 대비하는 데 필요한 방위력 즉 독립국으로서 필요최소한의 방위력을 말함(http://cafe.naver.com/gaury/6409: 검색일 '09.6.24.).

128) 해군본부. 「일본 · 영국 해군사 연구」. pp.213~214.

129) 53중기업무견적은 내용상 '5차방'이라고 할 수 있으며 각의 결정을 거치지 않고 재정적 뒷받침이 없는 방위청 자체계획이며 1978년(소화53년)에 착수하게 되어 후에 53중업이라고 약칭된 것임(해군본부 1997. 255).

130) 이동영. "일본의 군사력 증강과 한반도 안보에 관한 연구". p.21.

131) 해군본부. 「일본 · 영국 해군사 연구」. pp.221~222.

〈표 2-12〉 53 중기업무 견적

구 분			1979년 완성 시	1978중업		대강목표
				건조	완성 시	
대잠수상함정	호위함	DDH	4		4	4
		DDG	4	2	6	8
		DD(신)	5	10	15	20
		DDA	4		4	
		DDK	9		9	
		DD	6			5
		DE(신)	2	4	6	24
		DE	15		14	
	구잠함	PC	5		0	
	소계		54	16	58	61
잠수함		SS	14	5	14	16
기뢰함정		MSC	31	11	31	(42)
		MSB	6	0	6	
		MST	2		2	(1)
		MMC	1		1	(1)
	소계		40	11	40	(44)
초계함정		PG(PT)	5	1	1	(18)
		PB	9	0	9	(9)
	소계		14	1	10	(27)
수송함정		LST	6	0	6	(9)
		LSU	2	2	4	(6)
	소계		8	2	10	(15)
특무함	훈련지원함	ATS	1	0	1	(2)
	해양관측함	AGS	대3 소4	대2	대5	(5)
	보급함	AO/AOD	2	1	2	(4)
	잠수함구난함	ASR/AS	2	1	2	(2)
	연습함	TV	3		1	(1)
	쇄빙선	AGB	2		2	(1)
	부설함	ARC	1		1	(1)
	시험함	ASE	1		1	(1)
	기타		11		14	
	소계		30	4	29	
합계			160	39	161	

주: ( )는 최종목표 수량임.
자료출처: 『일본 · 영국 해군사 연구』

1980년 군비확장을 선언한 미국의 레이건 대통령의 등장으로 56중업[132]은 방위계획 대강이 정한 방위력 수준 달성을 기본방침으로 제시하였으며, 1982년 7월 23일 국방회의에 회부하여 최종 확정되었다. 53중업이 방위청 내부의 참고자료로 각의에 회부되지 않은 것에 비해 56중업은 나름대로 절차를 밟아 확정되었다는 특성이 있다.

56중업은 방위계획 대강에 따른 양과 질을 갖춘 방위력의 목표를 달성하기 위하여 방공능력(防空能力), 대잠능력(對潛能力), 해안선 방어능력 등의 보강에 중점을 두어 전자전능력, 즉응태세 및 방호능력을 향상시키고, 지휘통신, 후방지원 및 교육훈련체계를 강화하는 것이다.

〈표 2-13〉 56중업의 해상자위대 세력 추이

구 분		건 조	완성 시
호위함	DDH		4
	DDG	3	8
	DD	8	31
	DE	3	17
	소 계	14	60
잠수함		6	15
소해정		13	33
미사일정		6	6
해양관측함		2	5
보급함		2	3
수송함정		5	13
훈련지원함		1	2
계		49	133

자료출처: 『일본의 안보전략과 해자대의 전력 증강』

---

132) 1981년 5월 미·일 정상회담 후 미·일 관계의 증진과 일본 내의 군비강화에 대한 요구로 방위비 1% 한도의 철폐와 '방위계획의 대강'에 대처할 새로운 구상을 해야 한다는 주장에 따라 1982년 7월에 확정된 방위력 증강 5개년(1983년~1987년) 계획임(이동영 2002, 23).

56중업 해상자위대 세력 추이는 <표 2 – 13>과 같다.[133]

일본의 '해상교통로 1000해리 방위'[134] 정책 추진을 위한 56중업의 방위력은, 대잠능력 면에서 대잠수함정 60척, 잠수함 15척을 보유하고 4개 호위대군이 현대화되며, 작전용 항공기 확보 등으로 주변 해역의 방위와 해상교통로 보호능력이 크게 향상되었다.

(2) 중기 방위력 정비 계획[135](이하 중기방)

나카소네(中曾根) 정부는 1985년 9월 18일, 1986년부터 1990년까지 5개년간의 방위계획 대강이 정한 방위력 수준 달성을 위한 중기방을 국방회의 및 각의를 거쳐 확정하였다. 중기방은 1976년 4차방이 끝난 후부터 매년 연차별로 목표를 결정하던 방법의 방위력 증강이 5년간의 중기 계획으로 환원되면서 정부계획으로 격상되었으며, 또한 이 계획을 통하여 1976년 방위계획 대강 작성 이후부터 정책의 지침으로 간주되었던 'GNP의 1% 선 이내'의 방위비 상한지침이 무너졌다.

1985년 9월 18일 국방회의와 각의는 이 중기방의 결정과 함께 P – 3C 대잠(對潛)초계기 100대를 획득하도록 승인하였다. 이러한 계획의 결정은 년차방 형식의 부활이며, 전수방위를 원칙으로 하고 있는 자위대는 미국과 연합하여 소련을 제압하려는 목적으로 첨단공격무기를 확보하려 한 것이다. 이에 부가하여 미사일 탑재함과 헬기 탑재함을 건조하려 한 것은, 해협봉쇄에 머물지 않고 전수방위의 범위를 벗

---

133) 해군본부. 「일본 · 영국 해군사 연구」. pp.225.

134) 1981년 5월 7일 스즈키 수상과 레이건 대통령과의 정상회담에서 일본 주변의 '해상교통로 1000해리 방위'가 거론되었으며 스즈키 수상의 '일본열도 고슴도치 방위론'으로 구체화함(해군본부 1997, 224~225).

135) 기간은 1986년~1990년도까지 5년간이며, 실질적으로는 방위청 계획의 59중업인데 방위 예산 1% 문제와 분리시키기 위하여 정부의 계획으로 격상시킨 것임(해군본부 1997, 228~229).

어난 대소(對蘇) 봉쇄전략 차원에서 이루어진 것이며, 함정전력목표 달성상황은 <표 2-14>와 같다.[136]

<표 2-14> 해상자위대 중기방 함정 건조 현황

종류	목표	달성
호위함	9척	9척
잠수함	5척	5척
기타	21척	
소계	자위함정 건조 톤수 35척(약 6.9만 톤)	

자료출처: 『일본 · 영국 해군사 연구』

중기방은 우익 강경파인 나카소네(中曾根) 수상의 영향으로 방위력 상한선인 GNP 1% 문제를 우회적으로 해결하였으며, 지금까지 방위청 중심으로 추진된 전력정비계획이 정부계획으로 격상되었다. 전력 정비에 있어서도 미국의 대소(對蘇) 봉쇄전략에 협력과 수상의 우경화가 조화를 이루어 핵심전력 14척을 포함한 35척의 함정을 건조할 수 있었다.

(3) 신중기방위력 정비계획[137]

신중기방은 냉전체제가 소멸되어, 1976년 방위계획 대강 책정 시 보다는 동서(東西) 간의 군사충돌 가능성이 적어졌다는 판단을 전제 하고 있다. 냉전체제의 종료와 걸프전쟁의 발발은 일본의 국제적 지도력의 취약성을 드러내는 계기가 되었다. 특히 새로운 정치세력에

---

136) 해군본부. 「일본 · 영국 해군사 연구」. pp.228~230.

137) 1990년 12월 19일 안전보장회의 및 각의에서 1991년부터 1995년까지 최근 국제정세를 감안한 신중기 방위력 정비계획 결정(이동영 2002, 26).

의해서 이러한 평가의 논의가 활발하였는데, 1991년 9월 오자와(小澤) 의원이 주도하는 자민당 의원들의 모임인 '국제사회에서의 일본의 역할에 관한 특별조사회' 보고서 초안에 "일본은 국제적 위치와 능력에 상응하는 역할을 수행해야 한다."고 하였다.[138]

한편, 이에 따라 방위청은 중기방을 재평가하게 되었다. 냉전의 종결에 대응하여 방위력 정비를 재검토하는 것은 당연한 처사이나, 이 검토는 방위력을 삭감이나 축소를 전제로 한 것이 아니고, 불투명하고 불확실한 국제정세를 고려한 장기적 전망에서, 장차 국제정세의 변화에 대응할 수 있는 방위력 개선의 관점에서 실시되었다. 이러한 여건의 변화로 1992년 12월 18일 일본 정부는 안전보장회의와 각의의 결정을 거쳐 당초 3년 뒤에 예정된 수정작업을 앞당겨 실시하였다.

해상자위대의 신중기방 수정 규모는 호위함 8척, 잠수함 5척, 기타 15척으로 총 28척, 약 87,000톤으로 1977년부터 1995년까지 누계는 자위함 115척 268,120톤, 지원선 70척 13,863톤으로 총 185척 281,983 톤이었고 최종 연도인 1995년도 계획은 4,400톤급 호위함 2척, 2,700 톤급 잠수함 1척, 5,000톤급 소해모함 1척, 510톤급 소해함 2척으로 총 6척 18,120톤이었으며 지원함은 656톤이었다.[139]

바) 신방위계획 대강 단계

1995년 11월 28일 신방위계획 대강이 안전보장회의 및 각의에서 확정되었다.[140] 신방위계획 대강은 1976년 방위계획 대강 책정 후 20

---

138) "탈냉전시대의 국제질서는 미국, EC 및 일본의 3극 구조 또는 선진 7개국 주도형이 될 것이라는 전제하에 일본도 국제안보 및 국제정치 면에서 경제력에 걸맞은 발언권과 정치력을 가져야 하며, 일본이 경제력에 상응하는 국제 정치력을 확보하여 세계의 신질서 수립을 주도해야 한다."고 하였음(해군본부 1997, 233).

139) 해군본부. 「일본 · 영국 해군사 연구」. pp.233~234.

년이 경과한 시점에서 나왔는데, 이것은 미·소 중심의 동서 간의 냉
전구조가 소멸되는 등 새로운 국제정세 변화에 부응하고 대규모 재
해, 재난 등에 효과적으로 대응할 수 있는 역할과 세력에 초점을 맞
추었다. 신방위계획 대강의 핵심내용은 다음과 같다. 평시에는 일본
이 침략을 미연에 방지하기 위한 태세를 유지하며, 유사시에는 침략
격퇴를 위하여 일본이 주도적으로 하고, 미국은 일본에 적절히 협력
하는 역할로 전환되었다. 다시 말해 일본에 일본방위를 위한 주도적
역할을 부여한 것은 일본 군사대국화를 묵시적으로 인정하는 것이라
고 보아야 한다.

신방위계획 대강에 따른 중기 방위력 정비계획(1996~2000년)의 요
지는, 먼저 합리화, 효율화, Compact화를 기본방침으로 기간부대 및
주요장비를 정비하고 다양한 사태에 대하여 적절히 대응할 수 있도
록 방위력을 질적으로 개선하며, 양성 및 획득에 장기간이 소요되는
인원 및 장비는 기간부대에서 감편시켜 교육부대로 전환하여 운영하
고, 즉응성이 높은 예비 자위관을 확보함으로써 비상사태에 원활히
대응한다는 것이다. 또한 미·일 안전 보장체제의 신뢰성 향상을 위
해 각종 시책을 지속적으로 추진하고, 경제 상황, 재원부족 현상 등
재정사정을 감안하고 정부의 제반 시책과 조화를 도모한다는 것이다.

주요 사업내용으로는 주변 해역의 방위능력 및 해상교통로 안전
확보능력을 향상시키기 위해, 함정에 대해서는 호위함 부대 전반적인
효율성을 고려하여 호위함, 잠수함, 소해함, 미사일정을 건조하는 것

---

140) 일본 방위청은 1993년 6월부터 12월까지 방위국장 책임하에 "신시대 방위를 말하는 모임"을 개최하고,
1994년 2월에는 방위청 장관을 의장으로 하는 "방위력 실태 검토회의"와 총리 직속의"방위문제 간담
회"의 토의를 거쳐 1994년 8월 12일 무라야마 수상에게 최종 보고된 방위문제 간담회 보고서 내용이
각 당안에 취합되어 1995년 11월 28일 최종안이 결정되었음(김형수 2002, 33).

이다. 따라서 기간 중 해상자위대의 정비규모는 호위함 8척, 잠수함 5척, 기타 18척으로 총 31척(100,000톤) 획득을 목표로 하고 있다.

<표 2-15> 신방위계획 대강 세력

구 분		신방위대강 수준	중기방('96 - '00) 완성 시	중기방('01 - '05) 완성 시
기간부대	호위함부대(기동운용)	4개 호위대군	4개 호위대군	4개 호위대군
	호위함부대(지방대)	7개 대	10개 대	8개 대
	잠수함부대	6개 대	6개 대	6개 대
	소해부대	1개 소해대군	2개 소해대군	1개 소해대군
	육상초계기부대	13개 대	16개 대	13개 대
주요세력	호위함	50척	56척	54척
	잠수함	16척	16척	16척

자료출처: 『일본 · 영국 해군사 연구』

신방위계획 대강에는 유사시 협력에서 일본이 제3국으로부터 무력 공격을 당할 경우 기본적인 대처 방법으로 일본은 주체적으로 행동하고 미국은 적절히 협력도록 하여, 일본이 외부위협으로부터 스스로 직접적인 책임을 지게 되어 있다. 따라서 탄도미사일 위협에 공동 대응한다는 미사일방어(MD)체계 도입 등 군사적 대비태세를 향상시키게 되었다. 주변 사태 시 협력에도 미군에 대한 후방지원은 주로 일본의 영해중심으로 이루어지나, 일본 주변의 공역 및 상공에서도 행하여질 수 있도록 하였다. 이는 자위대의 역할을 파격적으로 증대시킨 것이며, 후방에서의 미군 지원은 전후방이 없는 현대전의 개념에서는 엄격히 참전(參戰)과 분리할 수 없다. 따라서 지금까지 평화헌법을 근간으로 하는 일본의 평화국가는 특별한 의미가 없다고 보아야한다. 이와 같은 배경으로 역내에서의 일본의 역할은 증대되어 가고, 한편으로는 양국 간 해군 협력의 여지도 여기에 비례하여 늘어나게 되었다. 일본이 이와 같은 포괄적 안보에 대비하기 위하여 발전시킨 2008년 말 기준 최신 해군전력 현황은 <표 2-16>과 같다.

〈표 2-16〉 '08년 해상자위대 전력 현황

o 함정

구 분	수(척)	기준배수량(천 톤)
호위함	53	205
잠수함	16	42
기뢰함정	31	27
초계함정	9	1
수송함정	13	29
보조함정	29	123
계	151	428

자료출처: *Jane's Fighting Ship '07 - '08*

o 항공기

구분	기종	용도	보유 수	최대속도(kts)	승무원	전장(m)	전폭(m)	엔진
고정익	P-3C	초계	96	400	11	36	30	터보프로프, 4기
회전익	SH-60J	초계	89	150	3	15	3	터보샤프트, 2기
	SH-60K	초계	8	140	4	20	16	터보샤프트, 2기
	MH-53E	초계·수송	10	160	7	22	6	터보샤프트, 3기

자료 출처: Jane's Fighting Ship '07 - '08

※ 제원(諸元)

종류별	형태별	기준배수량 (톤)	최대속도 (노트)	주요장비	
호위함	콘고우형	7,250	30	127mm 포×1 고성능 20mm 기관포×2 이지스장치 1식	VLS장치 1식 SSM장치 1식 短어뢰발사관×2
	시라네형	5,200	32(31)	5인치 포×2 고성능 20mm 기관포×2 短SAM장치×1	어스록장치×1 短어뢰발사관×2 초계 헬기×3
	하타카제형	4,600 (4,650)	30	5인치 포×2 고성능 20mm 기관포×2 타터(tartar) 장치×1	SSM장치 1식 어스록장치×1 短어뢰발사관×2
	타카나미형	4,650	30	127mm 포×2 고성능 20mm 기관포×2 VLS장치 1식	SSM장치 1식 短어뢰발사관×2 초계 헬기×1
	무라사메형	4,550	30	76mm 포×1 고성능 20mm 기관포×2 VLS장치 1식	SSM장치 1식 短어뢰발사관×2 초계 헬기×1
	아사기리형	3,500 (3,550)	30	76mm 포×1 고성능 20mm 기관포×2 短SAM장치 1식 SSM장치 1식	어스록장치 1식 短어뢰발사관×2 초계 헬기×1
	하츠유키형	2,950 (3,050)	30	76mm 포×1 고성능 20mm 기관포×2 短SAM장치 1식	SSM장치 1식 어스록장치 1식 短어뢰발사관×2 초계 헬기×1
	아부쿠마형	2,000	27	76mm 포×1 고성능 20mm 기관포×2 SSM장치 1식	어스록장치 1식 短어뢰발사관×2
잠수함	오야시오형	2,750	20	수중발사관 1식	
소해함	야에야마형	1,000	14	20mm 기관포×1	심심도소해구 1식
소해함	스가시마형	510	14	20mm 기관포×1	소해장치 1식
미사일정	하야부사형	200	44	76mm 기관포×1 SSM장치 1식	
수송함	오오스미형	8,900	22	고성능 20mm 기관포×2	수송용 에어쿠션정×2

3) 성장기 양국 해군 상황 비교

성장기 안보환경의 역사적 사건은 한국의 경우 1970년 전후 북한의 연속적인 도발과 '닉슨 독트린' 발표[141] 등으로 생각되며 일본은 1990년대 초 구소련의 붕괴로 냉전체제의 소멸과 2001년 9 · 11테러, 그리고 북한 핵과 미사일 개발 등이라 할 수 있다.

한국은 박정희 대통령의 자주국방 기치 아래 전력증강과 국산화에 박차를 가하여 획기적인 발전을 꾀하게 된다. 한국 해군은 국방 8개년 계획에 따라 1973년 율곡사업이 착수되어 본격적으로 국산 전투함을 건조하게 되었다. 군별 국방 재원 배분과정에서 육 · 공군에 전력증강 우선순위에 밀리고 또한 국방비의 제한으로 인해 어려움을 겪기도 하였지만, 독도 영유권 문제나, 무궁무진한 자원이 매장된 배타적 경제수역이 주변국과 마찰을 빚게 된 사건 등은 해군력 건설의 촉진적 요소로 작용하기도 했다.

1998년 한 · 일 간 독도문제가 심각한 외교문제로 악화되었을 때 '과연 한 · 일 해군이 동해에서 전쟁을 불사한다면 결과는 어떻게 될 것인가?' 하는 것이 국민들의 관심사였지만 대부분 국민들은 상식적으로 '일본 해군이 월등히 우세하다'고 알고 있었다. 이를 구체적으로 확인하기 위해 양국 해군 전력 지수를 컴퓨터 프로그램에 입력하여 교전결과를 산출해 본 결과 '교전 후 단시간 내에 한국 해군은 괴멸된다'[142]는 것이다. 이와 같은 평가는 해상전력에서 이지스함을 보유

---

141) 1968년 1월 21일에 있었던 김신조 청와대 기습 침투사건과 1월 23일에 발생한 미국 정보함 프에플로호의 납치사건에 대하여 우리의 '영원한 우호'인 미국이 북한에 대해 상당한 경고 조치를 취할 것으로 기대하였다. 그러나 미국은 우리를 도와주기는커녕 아시아에서 더 이상의 짐을 지지 않겠다는 닉슨 독트린을 발표했다(http://blog.naver.com/jimw8282: 검색일 '09.5.11.).

142) 한국 해군이 일본 함정에 미사일을 발사한다 해도 일본 이지스함들의 지휘에 의해 모두 요격당할 것이며 KDX - II 구축함은 허무하게 격침됨(http://cafe.daum.net/marines 70?docide: 검색일 '09.11.17.).

한 해군과 그렇지 못한 해군과의 평가결과라고 생각하면 이해가 간단하다. 하지만 이제 한국 해군도 비록 척수는 열세이지만 일본보다 우수한 이지스구축함을 갖게 되었다. 뿐만 아니라 현대전에서 최고의 억제전력이라고 하는 전략잠수함도 확보단계에 접어들었다.[143] 따라서 일본도 한국의 해군력에 대하여 다른 눈으로 볼 수 있게 되었으며, 한·일 해군 협력에 있어서 '호혜성'(give and take)의 조건이 상당 수준 구비되었다고 할 수 있다.

일본도 이러한 역사적 사건을 계기로 방위계획 대강을 개정하여, 새로운 안보환경에 대응하기 위한 군사대비 태세를 확립하고 중장기 계획을 추진하였다. 일본 해상자위대는 구소련의 팽창정책에 대응하기 위하여 1980년 53중업부터 추진해 온 적극적인 방위력 증강계획이 1995년 방위대강 1차 개정을 통하여 방위력 확장단계에 진입하게 된다. 신방위협력지침[144]에 근거한 유사조치법·주변사태조치법 등으로 인하여 자위대의 임무와 역할이 확대되고, 여기에 적합한 최신 무기체계를 확보하게 되었다.

주변사태조치법의 전시 미군의 후방지원은 전후방이 분리될 수 없는 현대전의 특성을 고려할 때 참전이라고 볼 수밖에 없다. 그리고 주변사태조치법을 이행하기 위해서는 한국 해군과 인접되거나 중첩되는 해역에서 작전을 할 수밖에 없는 상황을 고려하여, 평상시 적극

---

143) 국방부는 2007년 8월 16일 제16차 방위사업추진위원회 회의를 열어 3000톤급 잠수함을 국내 독자 연구 개발하는 계획 확정. 국내 업체 주관으로 독자 설계·건조되는 3000톤급 잠수함은 2018년쯤 1번함을 시작으로 2021년까지 총 9척이 전력화됨(http://blog.daum.net/ultrab/1165903: 검색일 '09.5.11.).

144) Guidelines for U. S.–Japan Defense Cooperation: 본 지침의 목적은 평시부터 일본에 대한 무력공격 혹은 주변사태가 발생한 경우에 이르기까지, 미·일 양국이 보다 효과적이고 신뢰성 있게 협력할 수 있도록 보다 견고한 기초를 구축하는 데 있다. 또한, 본 지침은 평시 혹은 긴급 사태 시 미·일 양국 간의 역할과 협력, 그리고 이상적인 조정상태에 대한 일반적인 틀과 방향을 제시함(김형수 2002, 21~23).

적 협력으로 명확한 개념을 정립하지 않으면 유사시 큰 혼란을 초래할 수밖에 없게 된다.[145)

또 하나 해군 협력의 필수적인 조건은 상호 운용성이며 현대전 수행을 위한 중요한 요소이다. 신작전개념[146)인 NCW는 우군작전요소가 탐지한 표적을 공격함에 있어서 이 표적을 공격하는 데 제일 유리한 우군전력이 공격하는 개념이다. 현대전에서 첨단전력의 상호 운용성은 전쟁의 승수효과(乘數效果)를 향상시키는 중요한 요소가 되는 것이다. 따라서 이지스구축함, P−3C 대잠초계기 등 동일한 무기체계[147)를 보유한 한·일 양국 해군의 협력은 효과적이라고 볼 수 있다.

또한 양국 해군은 함정·무기체계의 동질성뿐만 아니라 미래의 연합작전에 대비한 연합훈련을 실시해 왔다. 일본 해자대는 1955년부터 미국 해군과 연합훈련을 실시해 왔고 한국 해군도 그로부터 5년 후 1960년부터 50년 가까이 각종 한·미 연합훈련을 통하여 유사시 공동임무 수행에 대비해 왔다. 한국과 일본이 미국을 매개로 장기간 실시해 온 연합훈련 경험은 한·일 직접훈련에 큰 이점으로 작용될 수밖에 없을 것이다.

---

145) 신 가이드라인은 일본이 무력공격을 받았을 때뿐만 아니라 일본 주변의 사태가 일본의 평화와 안전에 위협을 가져올 가능성이 있을 경우에 대비하여 미국과 일본이 공동으로 대처하는 것을 골자로 하고 있다. 여기에서 일본 주변의 사태가 일본의 안보와 평화에 영향을 미칠 경우에 대비하여 일본은 어떻게 조치해 나갈 것인가를 규정한 것이 바로 '주변사태조치법'이다(김기호 2005, 459~460).

146) 미래전쟁에서는 지식과 정보가 전쟁을 좌우할 것이므로 '먼저 보고 먼저 타격하는 자'가 승리를 쟁취할 것이다. 정보통신 및 인공지능기술이 급격하게 발달함에 따라 정보와 지식의 획득과 전파능력이 획기적으로 향상되고 있으며, 이를 전장 가시화에 적용함으로 전장에서의 불확실성을 최소화할 수 있게 될 것이다. 각종 장거리 정밀타격무기체계(PGM)는 지능화·자동화로 인하여 전장에서는 대응속도가 단축될 것이며, 고속화된 탑재체제와 결합되어 적이 미처 결심하기 전에 적의 중심(重心)을 타격하여 무력화시키는 속도전 양상으로 전장 형태가 변화될 것이며 이러한 개념을 적용한 NCW, EBO, RDO, C4ISR+PGM 등이 신작전 개념이라 함(배달형 2005, 25~29).

147) 이지스구축함의 핵심 장비인 AN/SPY 다기능 배열 레이더와 주요장비 그리고 P−3C 해상초계기의 대부분 장비는 "Lockheed Martin Corporation" 제품으로 미, 한, 본 이지스 및 P−3C 해상초계기의 장비 및 무기체제가 대동소이함(Jane's Fighting Ship 연감 2008 참조).

이상과 같이 한·일 해군은 태동기의 동질성을 기반으로 성장기를 통하여 여러 가지 상호 관계를 형성하며 발전해 온 것이 사실이다. 그러면 창군 이후 추진된 양국 해군 간의 협력은 현대의 다양한 포괄적 안보환경에 대응할 수 있는 수준인지를 살펴보자.

2. 한·일 해군 협력 현황

한·일 양국 간 해군 협력은 양국 모두 미국과 동맹관계에 있고 동해와 남해를 공유하고 있기 때문에 상당히 깊은 관계까지도 발전할 수 있었지만 일본의 평화헌법,[148] 집단적 자위권 제약, 그리고 한·일 간 역사인식 문제 등으로 인해 큰 진척을 보지 못하고 있다. 양국이 공식적인 군사외교 채널을 갖게 된 것은 1966년 11월 한국이 일본 동경에 무관부를 설치하고 이듬해 1967년 9월 일본이 서울에 무관부를 개설하면서부터였다. 2009년 12월 현재 주일(駐日) 한국 무관부는 국방무관(해군준장)[149] 외에 각 군을 대표하는 대령급 무관이 파견되어 있고 서울의 주한(駐韓) 일본 무관부에는 삼군이 돌아가면서 보임되는 국방무관을 포함하여 각 자위대별 총 3명이 파견되어 있다.

---

148) '평화헌법'이라고도 하는 헌법9조는 맥아더에 의해 강요되었으며 내용은 다음과 같다. "① 일본은 전쟁을 부인하며, 국제평화를 성실히 추구하고, 국권의 발동이 전쟁과 무력에 의한 위협, 무력의 행사를 국제분쟁의 해결수단으로는 영원히 포기한다. ② 육·해·공군을 보유하지 않고, 국가의 교전권은 인정하지 않는다"임. 하지만 일본은 한국전쟁을 계기로 1950년에 미 점령군 명령에 의해 경찰예비대를 창설하고 그 이후 1952년 보안대로 개편되어 1954년 자위대로 발족. 사실상 자위대는 군대이지만 평화헌법으로 인해 자위대라 칭함(네이버 백과사전).

149) 1966년 동경 주일 무관부 설치 이후 국방무관은 한국육군이 보직되어 오다가 한·일 간 해군 협력의 중요성을 인식하여 러시와 국방무관편성(해군준장)과 일본무관편성(육군준장)을 교체하였음. 2005년 이후부터는 일본 국방무관으로 해군준장이 임무수행.

　여기에서 장차 한·일 해군 협력의 미래 지향적인 발전을 위하여 해방 이후 양국 간의 군사협력 역사를 통해 해군교류 발전 실상을 살펴보기로 한다.

가. 냉전시대의 협력

　1950년 6월 25일에 북한의 남침으로 시작되었던 한국전쟁은 제국주의 침략 전쟁으로 황폐화되었던 일본을 현대화된 일본으로 전환시켜 준 계기가 되었다. 일본의 언론에서도 "현대 일본의 기적적인 번영은 한국전쟁이 아니었으면 불가능했다.[150] 타국의 불행이 이와 같이 극단적으로 일본의 행복으로 된 예는 역사상 있어 본 일이 없다.[151]"고 한국전쟁이 일본의 국익에 결정적인 역할이 되었다는 점을 기술하고 있었다.

　한국전쟁에 일본이 직간접적으로 참여했던 사실에 대해서는 국내외에서 많은 증언이 있다. 1950년 7월 27일 로이터 통신은 "일본군 약 2만 5천 명이 한국 전선에 참전하고 있다."고 보도했으며, 10월 16일 평양방송도 일본 부대의 참전에 항의한 바 있다.[152] 이브닝 스타는 "한국전쟁에 일본이 참여했는가의 여부는 일본이 형식적 적국이라는 명백한 이유로 인하여 알려지지 않고 있을 뿐이며 사실은 광범위하게 모든 면에서 진행되고 있었다.[153]"고 썼다.[154]

---

150) 한국전쟁 3년간에 미군은 일본에 대하여 24억 달러의 '특수'를 주었으며 일본의 공업생산은 70%나 증가함. 1955년까지 6년간 특수 총액은 62억 달러로 급상승하여 일본의 경제복구, 군수산업의 부활과 성장을 비약적으로 촉진하여 오늘의 경제대국의 기초를 닦았음(장문석 1996, 79).

151) 「주간문춘」. 1964년 8월 3일.

152) http://blog.daum.net/han0114: 검색일 '09.11.10.

153) 「Evening Star」. 1950년 11월 11일.

한·일 관계는 1965년 한·일 기본조약이 14년이란 오랜 교섭 끝에 체결됨으로써 양국 관계는 정상화되었다. 그러나 국교정상화를 위한 조약이나 양국 수뇌부의 방문 등은 양국 간에 산적해 있는 관계 발전의 한 단면에 지나지 않는다. 그만큼 한·일 양국 간의 관계는 불행했던 과거사가 당시까지 청산되지 않고 있었던 것이다.[155]

한·일 간의 직접적인 군사교류는 한·일 국교정상화협상이 타결된 1965. 6. 22. 한·일 조약 조인 이후부터 추진되었다. 한·일 국교정상화 협상이 한창이던 1963년 5월 한국 국회에서 강문봉 의원이 "1962년의 미·일 안보협의 위원회에서 한·일 회담 타결 후의 한·미·일 군사협조안이 논의되었다."는 발언을 하였고 주요내용은 다음과 같다.[156]

① 한국군 파일럿의 일본 유학 및 양성 등의 한·일 군사교류
② 한국군 장비의 일본 내에서 수리·생산·보급
③ 한·일 간 자동방공경계(BADGE: Base Air Defense Ground Environment) 시스템 연결에 의한 방공 공동작전
④ 쓰시마 해협 공동 봉쇄 등

이에 대한 당시 국내 여론은 "미군은 일본을 극동지역 방위의 '첨병(尖兵)'으로 등장시키려 하고 있으며 만약 한반도에 또다시 위기가 조성될 때 한국을 미군의 군사력 증강에 의존시키지 않고 일본의 해·공군력에 맡기려 하고 있다.[157]"라고 격분했다. 이러한 여론에도 불

---

154) 첫째, 미군의 작전기지 제공 군사기지 및 군사시설 1,280개소, 둘째, 한반도 정보에 대한 인적 안내자: 과거 작전·정보부서 근무 장교들 200여 명이 지상반격작전과 인천상륙작전 등에 관하여 작전계획 작성, 인천상륙작전 수로안내, 소해 등에 종사. 셋째, 미군의 병참 및 보급지원: 군수공장 850여 개, 미군 고용 근로자 연간 30만 명(장문석 1996, 78~79).

155) 장문석. "일본의 신 안보전략과 한·일 군사협력 방향". p.80.

156) 「조선일보」. 1965년 2월 28일.

구하고 한·일 군사교류는 진전되고 있었다. 미국은 1962년 8월 미·일 안전보장위원회에서 한·일 군사협조안을 제시하여 무관의 상호 주재, 군부 상호 간의 교환시찰 등을 적극 권장했다.[158]

1970년 10월에는 정래혁 국방장관이 방일(訪日)하여 오가타 관방장과 회담하는 등 한국 고위급 군 간부의 방일이 급증하여 1969년 한 해 동안 558명에 달했다.[159]

1973년 이후 일본을 방문한 한국군 고위층 가운데 일본의 군수 분야와 방위산업을 시찰하는 경우가 많았던 것으로 미루어 보아 군수산업에 관한 협력 문제가 주된 관심사였음을 알 수 있다.

한·일 군사교류가 본격화되는 데는 1979년 7월 방위청 장관 야마시타 간리(山下元利)의 방한이 계기가 되었다. 서울에서의 노재현 국방부 장관과의 회담에서는 ① 현역군인의 상호방문 ② 장교의 상호유학·연수 ③ 함대의 상호방문 기한에 대하여 합의를 보았다.

1980년대에 들어서면서 미국의 레이건 정권, 일본의 나카소네(中曾根) 정권, 한국의 전두환 정권이 동시에 발족하자 한·미·일 군사협력관계와 군사교류는 더욱 활발해졌다. 1981년 미국을 방문한 전두환 대통령은 레이건 대통령과의 회담에서 "한국은 한국의 생존만이 아니라 미국과 일본을 방위하는 성채(城砦)로서의 역할을 담당하겠다."고 다짐했다. 또한 '대일정책의 기조'로서 '1980년대에 대처하는 공동인식, 운명 공동체의 인식에선 높은 차원에 대한 경제협력'을 요청하였다. 바로 이어 방한한 민사당 가스가 잇코(春日一幸) 당수와의 회견

---

157) 「동아일보」. 1963년 5월 22일.

158) 한계옥. 「일본·일본군 어디로 가는가」(서울: 돌베개, 1994). p.115.

159) 「Japan Press」. 1970년 12월 5일.

에서는 "안보 측면에서 한·일 간에는 바다가 없는 것과 같다. 일본의 해군력 강화와 대공경계 강화는 한국의 지역적 안보체제를 보완한다."며 일본의 재군비와 '1000해리 방위 분담'을 지지했다.[160]

이에 대해 나카소네(中曾根) 총리는 취임 후 첫 방문국으로 한국을 택하여 1983년 1월 전두환 대통령과의 회담에서 '한국조항'[161]을 재확인하고 '공통의 안보이념'에 입각한 40억 달러의 '안보·경제 협력'을 제공했다. 이 같은 상황하에서 1983년 11월 한국 국회에서 당시의 윤성민 국방장관은 '한·미·일 안보체제의 추진'을 강조하면서 한·일 간의 군사교류·협조를 촉진시킬 의향을 표명했다. 이어서 1984년에는 자위대 통합막료의회 의장과 한국 합참의장, 즉 양국의 군부 최고위 인사의 상호방문이 실현되었다.

한·미·일에 의한 '쓰시마 해협의 공동봉쇄 구상'이 부상하는 것도 바로 이 시기다.[162] 1982년 12월 도쿄에서 열린 제10차 한·일 의원연맹총회에서 한국 측은 다음과 같은 내용의 '한·일 군사협력 방안'을 제기하였다.[163]

① 동북아에서 한·미·일 간의 상호보완적인 안보협력 추진

② 한반도 유사시 일본의 구체적인 역할 및 쓰시마 해협 봉쇄 문제

③ 반공정보의 교환 및 군사교류에서의 더욱 발전적인 협의

④ 방위 기술 협력 등이 그것이다.

---

160) 한계옥. 「일본·일본군 어디로 가는가」. p.120.

161) 1969년 11월 닉슨－사토 미·일 정상회담 공동 성명 중에 "한국의 안전은 일본 자신의 안전에 있어서 긴요(essential)하다."라고 한 내용이며. 사토 수상은 워싱턴의 내셔널 프레스센터 연설에서 한국이 공격을 받을 경우 주일미군의 출동과 관련한 미국 측의 사전협의에 대하여 일본 정부는 신속하고 전향적으로 태도를 결정할 것임을 밝혔음(장문석 1996. 82).

162) 한계옥. 「일본·일본군 어디로 가는가」. p.89.

163) 「동아일보」. 1982년 12월 22일.

이 제안은 그 후에 구체적으로 추진되었다. 이글버거(L. Eagleberger) 미 국무차관은 '일본의 1000해리 해역 방위문제'에 대하여 '한국은 이미 이해를 표시'했다고 강조했는데 '이것은 한반도 유사시의 미·일·한에 의한 쓰시마 해협 봉쇄에 대한 미국의 기대표시'라고 전해졌다.[164] 나아가서 1983년 6월 14일 롱(J. Long) 미국태평양 통합군 사령관은 도쿄 기자회견에서 유사시에 미군이 일본 및 한국과 협력하여 쓰시마 해협을 봉쇄할 계획에 대해 언급하면서 이미 "양국의 항만 사용에 관한 절차와 단계의 대응책이 설정되어 있다."고 밝혔다. 그 후 1983년 9월에 일본의 전 해역에서 전개된 미 7함대와 일본 해상자위대의 공동연습에서는 '쓰시마 해협 봉쇄작전'과 쓰시마에 대한 자위대의 증원 수송 작전이 전개되었다.

노태우 정권이 출범한 1987년 이후에도 한·일 간의 군사교류는 계속 추진되어 왔다. 1990년 12월에 방한한 이시카와 요조(石川要三) 일본 방위청 장관에게 한국 측이 '방공식별구역(ADIZ)'에 관한 협력 문제를 제기하며 이듬해 7월에 협의가 시작되었다. 1991년 7월 한국 국회에서 이종구 국방장관은 한·일 군사협력 문제와 관련하여 "종래의 제한적인 교류, 협력 관계를 탈피하여 한국의 자주국방이 조기에 달성되는 데 도움이 되는 방향에서 군사협력을 추진하겠다."는 입장을 밝혔다.[165]

1990년 4월부터 5월까지 최초로 한국 해군이 하와이 근해에서 미국 주도하에 1971년부터 실시해 온 환태평양훈련(RIM-PAC)[166]에 참

---

164) 「讀賣新聞」. 1982년 11월 24일.

165) 장문석. "일본의 신 안보전략과 한·일 군사협력 방향". p.83.

166) RIM-PAC(Rim of the Pacific Exercise)는 미국이 태평양의 해상교통로 방어와 연안국가 간 연합작전 능력 향상을 주목적으로 해 1971년부터 2년마다 한 번씩 한국·캐나다·일본·호주 등 태평양 우방국

가하였다. 일본은 이 훈련을 1980년부터 참여하여 왔으며 환태평양훈련을 통하여 간접적이긴 하지만 최초의 양국 간 연합훈련을 하게 되었다. 이 훈련은 2년 주기 격년으로 참가국 해군의 평가와 훈련도 향상을 목적으로 두 그룹으로 나누어 대항전 형식으로 진행되며 먼 바다에서 전쟁에 대비한 해상과 공중의 가상 적에 대한 반격이 주된 훈련이다. 1992년에 들어서자 군사교류와 협조를 촉구하는 움직임이 쌍방에서 집중적으로 나타났다. 1992년 10월에 발표된 한국의 국방백서에서는 1991년과는 달리 "일본의 지역적 역할 증대와 미국을 축으로 하는 안보협력 관계의 발전적 측면을 고려해 일본과 실질적 군사교류, 협력을 적극 증대시켜 나갈 방침"임을 밝혔다. 그러자 미야시타(宮下) 일본 방위청 장관이 10월 19일 즉각 이를 환영하면서 '아시아 안전보장의 신뢰 관계를 확보하기 위해서도 군인교류 등을 적극 추진'할 것이라고 호응하였다. 10월 21일에는 한국 국방위 국정감사에서 이필성 합참의장이 "현재의 제한적 군사교류와 협력 관계에서 출발하여 나아가 한국군과 자위대의 간부 · 실무자 상호방문, 군사교육 교류 등으로 확대하여 장기적으로는 군함의 상호방문, 합동군사 연습 등 군사관계의 점진적 발전을 모색해 나갈 계획"임을 밝혔다.

같은 해 11월 8일, 노태우 대통령이 일본을 방문하여 미야자와 기이치(宮澤喜一) 총리 등과 회담하였는데, 그 자리에서도 '미군의 존재를 기초로 하는 미 · 일, 한 · 미 간의 안전보장체제의 공고한 관계를 유지'하기로 하였다.

이같이 양국 간에 합동군사연습까지 언급될 정도로 군사협력 관계

해군들과 함께 실시하고 있는 군사연습. 해군의 기동훈련을 위주로 하는 방어적 성격의 훈련(김봉섭 2000, 53).

가 강조된 것은 처음이며 이례적이다. 그 배경에는 냉전종식 후 미국의 '지역방위전략'에 따른 아시아지역 집단 안보체제, 일본과 한국의 역할분담, 상호 간의 안보협력 관계 강화를 촉구하는 부시(Bush, George Herbert Walker) 정권의 요구가 반영된 것이다. 일본은 "미국이 냉전 종결 후의 아시아·태평양 지역의 안전보장 문제와 관련하여 현재의 미·일 안보조약, 한·미 상호방위조약 등 2국 간에 맺어진 안보관계를 어떤 형태로든 집단 안전보장체제로 만드는 것이 필요하다는 인식을 강력히 갖고 있다."고 지적했다.[167] 같은 날 서울발 시사통신은 한국 국방부 내에서는 이미 프로젝트팀(특별대책반)이 구성되어 구체적인 한·일 군사교류·협력 추진 방안을 검토 중이라고 하였다.

냉전기의 한·일 간 해군 협력은 소극적인 교류기라고 할 수 있다. 해방 이후 1965년 국교정상화 이전까지 공식적인 교류가 없었으며 한·일 국교 이후부터 본격적인 교류가 시작되긴 하였으나 대부분 안보나 군사정책 수준의 개념적 교류에 한정되었고 실무부대 협력으로 연계되지는 못했다. 1990년에 최초로 양국이 참여하는 환태평양훈련을 하였지만 미국을 매개로 한 간접훈련에 지나지 않았다.

나. 탈냉전시대의 협력

김영삼 정권 출범 시에도 일본과는 대북관계를 비롯한 안보관계 면에서 전통적 우방관계를 지속하고 군사교류 협력을 확대시켜 나갔

---

167) 「도쿄신문」. 1992년 2월 26일.

다. 1994년 4월 하순 이병태 국방부 장관이 아이치(愛知) 방위청 장관의 초청으로 일본을 공식 방문하여, 북한의 핵 문제에 대응하는 데한·미·일 공조체제가 필요함을 재확인하는 한편 군사교류협력을 증진시키기로 합의하였다. 그 합의에 따라 양국은 국방정책 실무자 간 대화를 개최하는 한편 해군사관생도 순항훈련 함정의 상호방문과 군사교류를 점진적으로 확대시켜 왔다.

양국 함정 상호방문은 한국 해군 순항훈련부대가 1994년 12월 일본의 요코스카 함대사령부를 방문한 데 이어, 1995년 9월에는 광복 이후 처음으로 일본 해상자위대 함정이 답방 형식으로 부산항에 기항했다.[168] 일본 함정의 방문은 해상자위대의 야마다 미치오(山田康夫) 소장이 지휘하는 연습함대 호위함과 연습함 각 1척이며 호위함은 4,500톤급으로 원양 훈련을 위해 특별히 건조한 최신예 함정으로 알려졌다(국방일보 1996. 8. 29.). 이처럼 한국 군함이 일본을 방문하거나 일본 군함이 한국을 방문할 경우에는 양국은 연합훈련을 실시하는 것을 원칙으로 하고 있다.[169] 이때에 한·일 간 교육·연구 교류도 확대시키려고 양국이 노력하였으며, 한국의 국방대 및 각 군 대학과 일본의 방위연구소 및 간부학교 간 교환교육의 규모도 확대되었다. 또한 한국의 국방참모대학과 일본 통합막료학교 간 교환교육 및 부대단위 교류 문제도 긍정적으로 검토하기 시작했다.

한·일 양국이 직접 교섭하여 실시한 본격적인 직접훈련은 1998년이 되어서야 가능했다. 즉 미·일 안보체제가 계속 유지되고 신가이

---

168) 사실 양국은 1979년 7월 야마시타(Yamashita) 방위청장관이 방한(訪韓)했을 때 양국 함대의 상호방문 ('80.2.)에 합의하였으나 실현되지 못함(http://www.jda.go.jp/JMSDF/basic/security.html: 검색일 '09.6.25.).

169) 김봉섭. "한·일 해군 협력에 관한 연구", 고려대 정책대학원 석사학위논문. 2000. p.69.

드라인에 의해 한반도 유사시 미국 본토 증원군과 주일미군의 발진
기지, 군수장비의 보급 및 수리기지, 전시 물자 비축기지로서 기능할
일본의 전략적 중요성이 한국 측에 의해 수용된 것으로 보인다.[170]
그리하여 일본 해상자위대는 비로소 지난 1998년 10월 한국 진해에
서 거행된 한국 해군 창설 50주년 기념 국제관함식에 제3호위함대사
령관 요시다(吉田榮治) 해장보(海將補)를 지휘관으로 하는 구축함 3
척[171]을 파견하여, 10월 6일 한국 호위함 1척과 함께 부산 앞바다에
서 친선훈련을 실시했다. 이때 한국 해군은 연습함대 사령관이 이끄
는 보급함 1척과 호위함 1척을 일본 동경만으로 파견하여 동경에서
대도에 이르는 해역까지 일본 해상자위대의 호위함 2척과 함께 통신,
전술, 근접훈련을 실시하였다.

김대중 대통령의 일본과 관계 개선을 위한 생각은 외교일정 속에
서 자주 볼 수 있다. 1998년 3월 21일 일본 외상과의 회담에서 "일본
은 과거를 청산하고, 한국은 일본을 올바르게 평가해야 한다."라고
하며 양국민의 상호인식이 변해야 한다고 하였으며, 1998년 2월 26일
방한(訪韓) 중인 일본 외상과의 회담에서 "한·일 외교정상화 이후 33
년간의 상호 관계는 표면적인 친선이었고 실질적인 친선에 큰 진전
은 없었다. 실질적인 관계 정상화를 위해서는 한·일 관계를 국내정
치에 이용하지 말고 상호 진지하게 대화를 거듭해 나가는 지도자의
노력이 필요하다. 양국의 불협화음은 어느 쪽에도 이익이 될 수 없
다."라고 하여 적극적인 협력의지를 보였다.

이와 같은 김대중 대통령의 의지는 그 후 한·일 군사협력에서 실

---

170) 위의 글. p.70.
171) 하루나, 토기리, 묘코, 인원 약 700명 편승.

질적인 변화가 이루어지는 계기가 되었다. 1998년 10월 8일 김대중 대통령 방일(訪日) 시 한·일 글로벌파트너십을 전제로 한 '한·일 안보정책회의를 매년 1회 이상 개최하고 한국의 국방장관과 일본의 방위청장관의 상호방문, 양국 해군함정의 상호방문' 등 안보협력을 증진토록 하였다.172) 또한 대통령 방일(訪日) 시에 개최된 정상회담에서 합의 서명된 '국방 안보 분야 행동계획'을 통하여 군사교류 공식화를 천명하면서, 이번 계획에는 포함하지는 않았지만 해군 연합훈련을 실시할 의지는 굳힌 바 있다. 그러나 국내의 여론은 단순한 외교적인 군사교류가 아닌 '본격적인 군사협력시대'로 접어든 것이 아니냐는 시각도 팽배해 있었다.173)

특히 김대중 정부에 들어서면서 북한의 핵·미사일에 관련하여 미국과 연계해 한·일 간 긴밀한 협조체제가 이루어진 바 있고 양국 국방장관 및 방위청 장관 간 한·일 군사협조 관련 직통전화(hot-line) 설치가 최초로 논의되었다.

이와 관련한 교류촉진 일환으로 양국 해군은 한·일 간 '해군 대 해군회의'174) 합의서를 교환하고, 1999년 2월에 1차 '해군 대 해군회의'를 일본 동경에서 개최하여 안보정세, 군사력 전반, 연합훈련에 관한 내용을 토의하였다. 이어 6월에는 한국 진해에서 한·일 합동군사훈련의 세부일정과 실시요령에 대한 조정회의가 열렸다. 이 같은 군 간 교류가 육군과 공군에서는 2003년과 2004년에 와서야 정례화된

---

172) 김동주. "한·일 안보협력방안에 관한 연구", 「정책연구보고서」. 국방대. p.20.

173) 「한겨레신문」. 1998년 10월 23일.

174) 일본 방위성 조직의 막료장은 한국의 참모총장에 해당하며 해상자위대는 해막장이다. 그 보좌기관을 막료감부라고 하는데 한국 해군의 해군본부에 해당된다. 따라서 해군대 해군회의를 '막료회의'라고 칭함 (국방군연구소 1995, 146).

것을 보면 역시 양국 간의 군사교류는 해군이 앞서 갔다고 볼 수 있다. 1999년부터는 한·일 해군 간 비군사적 분야의 해상연합훈련이 시작되었는데, 최초 연합훈련은 인도적 차원의 해상사고에 공동으로 대처하기 위한 수색 및 구조훈련(SAREX)으로, 한국 해군은 구축함 1척, 호위함 1척, P-3 및 함재헬기 각 1대가 참가하고, 일본 해상자위대는 구축함 3척과 P-3C 1대 그리고 함재헬기 3대가 참가하였다. 이 훈련은 당시 한국 해군으로서는 미국에 이어 두 번째로 행하는 외국과의 연합해상훈련이었고 일본 해상자위대는 미국, 러시아에 이어 세 번째 외국과의 연합훈련이었다. 이 수색 및 구조훈련은 1~2년 주기로 지금까지 계속되고 있다. 2000년 10월에 최초로 착수된 서태평양 잠수함 구조훈련(PAC-REACH)은 2년 주기로 실시해 오고 있으며, 이 훈련에는 한국을 포함한 미국, 일본, 호주, 싱가포르 등 5개국이 참가하여 잠수함 구조기술의 향상과 잠수의학에 대한 정보교환을 실시하고 있다.[175]

2002년 1월 제3차 한·일 해군 대 해군회의에서는 9·11테러의 영향으로 대테러가 국제사회의 관심이 되어 일본이 기존의제에 부가하여 대테러 협력 지원활동을 의제에 포함시켰다. 따라서 해상에서의 예상되는 각종 테러가 군사협력의 이슈가 되었다.

노무현 정권에서도 2004년 12월 한·일 정상회담에서 협의한 바와 같이 '동북아의 평화와 안정을 위한 지역 및 국제무대에서의 협력'을 추진하기 위해 실질적인 안보협력을 지속해 왔다. 2004년 5월에는 서태평양 잠수함 구조훈련(PAC-REACH)을 한국 해군이 주관하여 제주

---

175) 양남승. "한·군사관계의 발전전망과 과제에 관한 연구", 연세대 석사학위논문. 2005. p.67.

도 동방에서 실시하는 등 계획된 양국 참여 훈련이 순조롭게 추진되었다. 또한 한·일 해군 대 해군회의도 지속되었으며 의제의 영역은 일부 확대되어, 이지스함 운용 및 신작전개념(NCW 등)에 관련된 내용도 포함되었다.[176]

해군사관학교 생도 순항함대는 2006년 10월과 2007년 12월에 요코스카 항에 입항하여 친선교류 활동을 하였고 해상자위대 연습함대가 2007년 인천항에 입항하였다. 그 밖에도 해군참모총장을 비롯한 해군 관계자, 그리고 피교육자 교환교육, 학술교류, 부대 간 교류, 실무교류 등이 진행되었다.

탈냉전기에는 양국 해군 간 교류의 범위가 확대되었고 평화적 목적이긴 하지만 직접 연합훈련을 하였다. 특히 2002년을 전후로 월드컵 공동개최와 일본 대중문화 개방 그리고 북한 핵과 미사일 위협의 공동인식 등으로 인하여 해군교류의 폭이 점점 확대되었다. 하지만 현재까지는 안보중심의 협력 수준에 이르지 못하는 실정이다.

다. 협력의 유형과 실상

1) 협력 유형별 현황
가) 해군 대 해군회의

1998년 한·일 국방장관 회담에 이어 1999년 한국 천용택 국방장관과 일본 노로타(野呂田) 방위청장관 회담에서 한국 해군과 일본 해상자위대 간의 대화를 실시하기로 합의한 양국은 국방당국 간의 교

---

176) 위의 글. p.68.

류촉진 일환으로 실무선에서 '해군 대 해군회의'가 시작되었다.

그 첫 회의는 1999년 2월 9일과 10일 양일간 일본 동경에서 한국의 해군본부 기획관리 참모부장과 해상자위대 막료감부방위부장이 참석한 가운데 개최되었다. 이어 6월에는 한국 진해의 해군작전사령부에서 1999년 8월 2일에서 8월 8일까지 실시할 한·일 연합훈련의 세부일정과 실시요령에 대한 조정회의가 한국 해군 5전단장과 일본 해상자위대군사령부 수석막료 사이에 열렸다. 해군 대 해군회의는 한국 해군본부와 일본 해군막료회의가 격년 주기로 교호 실시하게 되어 1999년 최초 회의 후 5회째 실시해 왔다. 회의안건은 양국 해군의 제안 사항이나 현안에 대하여 상호 협의 후 선정하는 절차를 거치긴 하지만 인도적 차원의 영역이나 공개된 수준의 임무에 한정되고 있다.

이 해군 대 해군회의는 육군이나 공군에 앞서 시작되었기 때문에 양국 간 군사협력은 해군이 중심이 되고 있음을 증명하는 것이다.

그 밖에도 하급제대의 교류로 1970년부터 실시해 온 정보교류회의, 1998년부터 실시해 온 아태지역 해군대학 세미나, 2000년부터 시작한 차세대 장교 세미나 등으로 그 범위는 확대되어 가고 있다.

나) 함정 상호방문

사실 한국 해군 순항훈련부대가 양국 상호방문 이전에 일본 오키나와를 방문한 것은 1960년 2월 19일~22일을 시작으로 '61년, '62년, '64년, '66년, '67년 총 5차례가 있었다. 오키나와 입항은 순항훈련 중간 기착지 성격으로 방문하였고, 본격적인 상호방문은 1994년 12월 한국 해군사관생도의 순항부대가 도쿄 항만에 입항한 것을 시작으로 한·일 양국은 함정의 상호방문을 추진하여 1995년 9월 광복 이후 처음으로 일본 해상자위대 소속 연습함이 부산항을 방문하였다. 이 당시 일본은 비록 연습함이었지만 전후 처음으로 원양항해부대를 한국에 파견했다.

양국 해군의 상호방문은 한국 해군이 1994년 최초방문을 시작으로 최근 2007년 12월 방문까지 8회에 걸쳐 방문하였고, 그 외에 일본 자위대 국제관함식 참석 1회, 수색 및 구조훈련 3회 등 17회나 실시하였으며, 일본 해상자위대 함정의 방한(訪韓)은 연습함정 방문 2회, 한국 해군 국제관함식 2회, 수색 및 구조훈련 4회 등 총 8회로 한국 해군 방일(訪日)의 1/2 수준이다. 이처럼 한국 군함이 일본을 방문하거나 일본 군함이 한국을 방문할 경우 양국은 연합훈련을 실시하는 것을 원칙으로 하고 있다.

다) 연합훈련 및 친선훈련

1990년 4월에 최초로 환태평양훈련(RIMPAC)에 참가한 한국 해군은 미국을 매개로 간접적인 한·일 연합훈련을 실시해 오고 있다. 이미 한국 해군은 팀 스피리트(Team Spirit)[177] 한·미 연습, 서태평양훈련, 각종 성분연합훈련[178] 등을 통해 연합해상방위태세를 구축하여 왔다. 일본의 해상자위대는 비로소 지난 1998년 10월 한국 진해에서

---

[177] Team Spirit: 주한미군 철수와 미국의 새로운 군사전략에 따라 1976년부터 연례적으로 실시되고 있는 한·미 양국 간의 합동군사훈련으로 한반도에 비상상태가 발발할 경우 공동 대처한다는 한·미 상호방위조약을 근거로, 본토와 해외기지에 배치하고 있는 미군의 육·해·공군을 신속히 한국에 투입시키고 한국과 유기적인 협동체제하에 기동성 있게 연합작전을 수행할 수 있도록 하기 위한 훈련이다. 이 훈련은 92년에 남북 고위급회담 등 남북화해 분위기를 뒷받침하기 위해 북한의 훈련중지 요구를 수용, 이 훈련을 중단했다. 그러나 북한이 영변 등지에 대한 국제원자력기구(IAEA)의 특별사찰을 받아들이지 않고 남북 상호 핵사찰을 마련하기 위한 남북핵통제공동위 협상에서 성의를 보이지 않자 '93년 재개됐으나 '94년 이후부터는 실시되지 않고 있다(http://cafe.daum.net/xmrrhd701/T7UJ/346: 검색일 '09.6.22.).

[178] 분야별로는 연합대잠훈련, 연합상륙훈련, 연합구조훈련, 연합소해훈련 등 다양한 훈련을 정기적 혹은 수시로 실시하여 한·미 간 연합작전 능력을 향상시키고 있음.

거행된 한국 건국 50주년기념 국제관함식[179]에 제3호위대군사령 요시다(吉田榮治) 해장보(海將補)를 지휘관으로 하는 구축함 3척을 파견한 것을 계기로 2002년에는 일본 해상자위대 국제관함식에 한국 해군함정이 참가하였고, 2008년 한국 해군 부산 국제관함식에 일본 해자대 구축함 '스즈나미(鈴波)'와 군수지원함 '마슈(摩周)'가 참가하여 한국 해군과 연합훈련을 하였다. 이와 같이 연합 및 친선훈련이 여러 분야로 늘어났으나, 한·일 양국 간의 훈련은 현재까지도 인도적·평화적 목적의 훈련을 벗어나지 못하고 있는 실정이다.[180]

라) 합동 수색 및 구조훈련

1999년 8월에 한·일 양국 해군 간 직접훈련으로 사상 처음 수색 및 구조훈련이 실시되었다. 한국 해군은 구축함 1척과 호위함 1척, 그리고 P-3C 1기, LYNX 함재헬기가 참가하고 해상자위대는 구축함 3척과 P-3C 1기, SH-60J 함재헬기가 참가하였다. 그 후 2002년 9월, 2003년 8월, 2005년 8월, 2007년 8월 훈련 등 5차례에 걸쳐 한국과 일본의 중간수역에서 훈련을 실시하고 주최국을 방문하여 친선활동을 실시하였다. 이 훈련의 목적도 인도적 차원에서 해상사고에 대하여 공동으로 대처한다는 평화목적이다.

---

179) 관함식이란 국가 원수가 군함의 전투태세와 장병들의 군기를 검열하는 해상사열의식으로 1341년, 당시 영국왕 에드워드 3세가 영국군대를 해상에서 검열한 데서부터 유래한 668년 역사의 행사다. 최근에는 각 나라 해군에서 역사적 의미가 있는 시기에 국력을 과시하고 우방국 해군과의 우호증진을 위한 국제적인 행사로 개최하고 있다. 서양의 최근의 관함식으론 2005년 영국 포츠머스에서 벌인 '트라팔카르 승전 200주년 국제 관함식'임(한국어 위키백과).

180) 한·일 간에 군사훈련은 확대되고 있으나 전투 분야의 훈련에 접근하지 못하는 것은 일본보다는 한국이 소극적인 것으로 나타났다. 1997년 양국 국방부에서 비행정보 교환용 직통전화를 설치 후 일본 쪽에서 양국 공군 연합훈련을 제의했으나 한국 쪽에서 시기상조라는 이유로 수용되지 못했음(김형수 2004, 50).

마) 긴급연락체계(Hot Line) 구축

1999년 1월 7일 한 · 일 국방장관 회담에서 북한의 미사일 발사와 북한 괴선박의 영해침범 사건 등이 계기가 되어 한반도 유사사태에 대비한 긴급정보교환을 위해 한국 국방부와 일본 방위성, 해군작전사와 해상막료감부, 공군작전사와 항공막료감부 간에 긴급전화를 개통하여, 양국 간 위기상황에서 공동으로 대처하기 위한 태세를 유지토록 하였다.[181]

바) 군수 및 방산 분야

1995년 4월 김동진 합참의장이 일본을 방문하여 방산기술과 군수정보교류 확대 방안 등을 제안하였으나 아직 한 · 일 양국 간에는 군수 및 방산교류가 원활하게 이루어지지 않고 있다. 1998년 2월 한 · 일 국방장관회담에서 일본 기술연구본부와 한국 국방과학연구소 간의 기술관계자 단기 상호교환방문을 조기에 실현하는 데 합의를 보았다.

1970년대 초반 한 · 일 군사교류가 본격적으로 착수된 시점에 제일 중요시한 것이 군수 분야의 상호교류였다. 그리고 지금도 양국 간 기술교류는 기술연구본부와 국방과학연구소 간에 주기적으로 실시하고 있으며, 주로 공개된 자료중심으로 한정된 영역에서 협력하고 있다.

2) 양국 해군 협력의 실상

한국전 종전 후 장기간 한 · 일 국교정상화가 추진되지 않은 상태에서 한 · 일 관계는 소원한 상태로 흘러왔다. 1964년 한 · 일 기본조약이 체결되고 국교정상화가 된 이후부터가 한 · 일 군사관계의 시발

---

181) 정보교환용으로 설치된 직통전화(hot line)도 개설 당시 취지와는 달리 지금까지 특별한 정보교환이나 긴급임무수행을 위해 사용한 적이 없으며 상호 간에 감명도를 확인하는 정도에서 유명무실하게 운영되고 있다(2009.6.15. 작전사 확인).

점이라 할 수 있다. 박정희 대통령 시대에 접어들어 이승만 대통령의 왜곡된 일본관을 친일적 시각으로 전환하여 빗장을 열기 시작하였다. 하지만 냉전기에는 본격적인 해군교류가 이루어졌다고 볼 수 없다.

양국 관계는 탈냉전기에 접어들면서 박정희 대통령 이후 정권에서 양국 간 합의된 각종 현안이 하나씩 현실화되기 시작했다. 함대 상호 간에 연합훈련이 정기적으로 추진되고 각종 인적 교류가 확대되었다. 양국 해군의 교류를 유형별 현황에서 살펴본 바와 같이 외형상 양적인 면에서는 많은 성장을 하였다고 볼 수 있다. 해방 이후 추진된 양국 해군 협력사를 시대순으로 개략 정리하면 <표 2-17>과 같다.

<표 2-17> 한·일 해군 협력 종합

연도	분 야	내 용	비교
1962년	한·일 직접 군사교류	미·일 안보협의 위원회에서 한·미·일 군사협조방안 논의	
1979년	해군 협력 논의	야마시다간리(山下元利) 방위청장관과 노재현 국방장관 회담 시 "함대의 상호방문 기한에 대한 논의"	본격적인 군사협력 착수
1990년	RIM-PAC 시작	미국, 호주, 뉴질랜드, 일본, 캐나다, 한국	한·일 간접 연합훈련
1992년	군함 상호방문 논의	10월 21일 국정감사 시 이필성 합참의장 '한·일 군함의 상호방문 모색'	
1994년	함대의 상호방문 시작	94년 12월 한국 해군 순항훈련 분대 요크스카 방문 * 일본연습함대 '95.9. 부산답방	
1999년	한·일 해군 대 해군회의 시작	의제 발표 및 토의	격년제
〃	SAREX[182] 시작	평화목적의 수색 및 구조훈련	격년제
〃	한·일 해군 '긴급연락체계 구축'	해작사 부사령관↔해막방위부장	전화/FAX
2000년	WP-REACH[183] 시작	평화목적 잠수함 구조훈련	
2005년	한·일 군사협력 해군 중심 인식 전환	2005년 4월 주일(駐日) 국방무관직위: 육군준장→해군준장	

사실 양국 군사협력의 중요성은 일찍이 인식하였다. 1983년 윤성민 장관은 양국 군사교류의 촉진을 위해 노력했고, 1991년 이종구 장관은 종래의 제한된 교류를 탈피하여 자주국방의 목표를 달성할 수 있는 수준으로 확대하고자 하였으며, 1994년 김영삼 정권에서도 양국 군사교류의 확대를 강조한 바 있었다. 하지만 유형별 협력의 실상을 내부적으로 세밀히 살펴보면 아직도 국가안보를 목적으로 하는 심도 있는 협력과는 거리가 멀다고 볼 수 있다.[184] 즉 군사협력 이론에서 군사협조란 '공동의 적이나 위협에 대하여 안전을 추구하는 것'인데 현재 한·일 간의 협력 수준은 여기에 미치지 못한다. 군사협력 형태 분류기준에 의하면 군사교류와 군사협조의 중간단계의 결속력 수준에 지나지 않는다. 우선 군사적 임무를 수행하기 위해서는 상호 간의 고급 정보와 첨단기술을 공유해야 하는데, 현재의 기술교류는 대부분 학계에 공개된 자료 중심의 교류로 볼 수 있다. 또한 양국 해군 간 직통 전화(hot-line)도 정보교류에 사용되지 않고, 정보협력의 수준도 이에 미치지 못하고 있다는 것이 군사전문가들의 일반적인 평가이다. 평화적 목적의 연합훈련 영역도 문제이다. 이지스구축함 등 첨단전력을 보유한 해군은 유사시를 대비하여 연합훈련으로 위기대응능력을 향상시켜야만 한다. 현재는 첨단 해군전력으로 해양경찰이나 해상보

---

182) SAREX(Search and Rescue Exercise) 한국 해군과 일본 해상자위대가 조난선박 발생 시 공동대처능력을 배양하기 위하여 실시하는 평화적·인도적 목적의 수색 및 구조훈련으로 지난 1999년부터 격년제로 실시하여 2009년 훈련이 6번째임(http://blog.naver.com/kjmma/1400773069904: 검색일 '09.7.21.).

183) WP-REACH(Western Pacific Reach) 한국·미국·호주·일본·싱가포르 등 서태평양 인접 국가들의 잠수함 조난 사고에 대비한 각 군 해군의 구조기법과 정보교환, 연합 구조능력 향상을 위한 훈련으로 서태평양 잠수함 탈출 및 구조훈련이라고 칭함(http://cafe.daum.net/ironmanmc/Hh6l/999: 검색일 '09.7.21.).

184) 해방 이후 현재까지 이루어진 양국 안보군사협력은 근본적으로 미국을 매개로 한 간접적인 관계이기 때문에 불완전한 협력관계라 볼 수 있다. 그 원인은 한·일 간의 민족적 감정 등으로 인한 군사적 연대의 결여이며 이는 양국 군사 차원에서 협력적으로 연계시키는 데 한계점으로 작용되어 왔음(김동주 2001, 21).

안청의 임무영역인 수색 및 구조 중심의 연합훈련 수준에 머물고 있다. 이러한 협력 수준의 배경은 오히려 일본 쪽에서는 공군기의 합동 훈련까지 제안할 정도로 적극성을 보이고 있으나 한국 쪽에서 시기상조라는 입장을 표명해 왔기 때문이다. 또한 논자의 자위대 방문경험에 의하면 각종 군사현황 특히 주요 무기체계 소개에 있어서 우리와 비교해 보면 상대적으로 개방적이고 적극적이라는 것을 여러 면에서 인지할 수 있었다. 따라서 미래 지향적인 해군 협력을 위해서는 한국인의 인식과 발상의 전환이 더 필요하다고 볼 수 있다.

지금까지 추진해 온 양국 해군 협력사를 종합적으로 평가한다면, 우선 속도가 매우 느리다는 것을 알 수 있고, 둘째 평화헌법 등의 문제로 인한 제한이 있겠지만 비군사적 영역을 벗어나지 못했으며, 셋째 각종 협력이 깊이 있게 추진되지 못했다는 것이다.

이상과 같은 문제점이 야기된 배경은 설문결과와 관련 선행연구[185]에서 나타난 바와 같이 제도적 문제뿐만 아니라 과거사 문제 등 부정적인 역사인식의 영향이 크다고 하였다. 따라서 새로운 도약을 위해선 역사인식의 전환이 요구되므로, 이어서 역사인식의 배경과 양국 상호 국민 간의 인식을 살펴본다.

---

185) ① 양국 군사교류는 함정의 상호 방문, 인적 물적 교류, 정보 교환 등 기초적인 단계에 머물고 있다(김형수 2004, 48). ② 양국 해군 간의 연합훈련은 군사적 성격의 훈련이 아니라 해상에서 조난사고 발생 시 지원하는 인도적 차원의 훈련에 불과하다(김진황 2003, 18). ③ 한·일 군사협력은 왜곡된 역사 인식 등으로 인하여 군사 차원의 긴밀한 협력은 한계가 있는 것이 사실이다(김동주 2001, Ⅱ). ④ 한·일 군사관계는 양국 간의 역사적 인식과 국민감정 그리고 평화헌법 등으로 인하여 간접적이고 초보적인 단계를 넘지 못하고 있다(최기홍 1994, 1).

3. 한·일 해군 협력에 대한 인식[186]

가. 대일(對日) 인식의 역사적 배경

채근담의 한 구절로 "소인을 대할 때에는 엄하게 하기가 어려운 것이 아니라 미워하지 않기가 어려우며, 군자를 대할 때에는 공손하기가 어려운 것이 아니라 예를 바르게 갖추기가 어렵다."[187]는 대목이 있다. 국가 간의 관계를 인간관계로 비유해 설명할 수 없지만 일본을 대함에 있어서 언제나 '미워하지 않기가 어려운' 한국인의 대일감정이 바로 이와 같을 것이다.[188]

도쿠가와 이에야스(德川家康)가 1603년에 일본의 천하통일을 이룬 뒤, 임진왜란 이후 단절되었던 일본과의 국교회복을 위해 1607년 조선통신사가 파견되었다. 그로부터 1811년까지 조선통신사는 12회를 왕래하게 된다. 그중 1789년 파견된 제9차 통신사절은 제8대 장군이 된 도쿠가와 요시무네(德川吉宗)의 장군직 계승을 축하하기 위한 사절이었다. 사절단 중에 신유한(申維翰)[189]이라는 인물이 있었다. 그는 통신사의 문서를 담당하는 제술관으로, 261일간에 달하는 일본기행의 기록인 해유록(海游錄)을 남겼다. 그 해유록의 부편 '일본 견문록'에는

---

186) 선행연구와 여론조사의 결과에 의하면 한국인의 일본에 대한 거부적 반응이 상대적으로 높고(20% 내외), 양국 협력도 일본이 적극적인 것으로 나타났기 때문에 협력에 대한 인식도 한국인의 인식 중심으로 연구하였음.

187) 待小人, 不難於嚴, 而難於不惡, 待君子, 不難於恭, 而難於有禮(菜根譚).

188) 현대송, 「한국과 일본의 역사인식」(서울: 나남, 2008), p.4.

189) 조선 후기의 문장가(1681～?). 자는 주백(周白). 호는 청천(靑泉). 숙종 45년(1791)에 제술관으로 일본에 다녀왔으며, 문장에 능하였다. 저서에 《海遊錄》이 있다. 제술관은 사절단의 전례(典禮)와 문화교류를 담당하는 직책으로 직위는 비록 삼사(三使) 다음이었지만 왕명을 받들어 자국의 문화를 선양해야 했기 때문에 그 책임이 막중하였음(브리태니커).

통신사를 에도까지 수행했던 쓰시마번(對馬藩)의 유학자 아메노모리 호슈(雨森芳州)[190]와 신유한 사이에 있었던 대화가 양국 간의 역사인식의 뿌리를 내포하고 있다.[191] 먼저 아메노리모가 신유한에게 말했다.

일본과 조선은 바다를 사이에 둔 이웃나라이며, 서로 신의를 다한다. 일본의 백성은 모두 조선 국왕과 우리의 주군이 예를 갖추어 서신을 주고받는 것을 알고 있으므로, 공식 비공식의 문서를 막론하고 조선에 대해 언급할 때에는 지극함을 다한다. 그러나 얼핏 조선인이 저술한 문집을 보니, 거기에 일본을 언급할 때는 반드시 왜적, 야만인이라 칭하고 음란하다고 하여 멸시하는 등, 차마 입에 담을 수도 없을 정도이다. 제6대 장군 도쿠가와 이에노부(德川家宣)가 말년에, 우연히 조선의 문집을 보고 군신들에게 말하기를, "어찌 생각이나 했으랴, 조선이 나를 깔보는 것이 이 정도에 이를 줄을…"이라 하며, 평생 유감으로 생각하고 있었다. 오늘날 당신들은 이 뜻을 아는가 모르는가?

그러자 신유한이 다음과 같이 답했다.

말하려 하는 뜻은 쉽게 알겠지만, 생각해 보건대, 일본이야말로 잘 모르고 있는 것 같다. 당신이 본 조선의 문집이 누가 지은 것인지는 모르겠으나, 아마도 그것은 임진왜란 후에 간행된 것일 것이다. 도요토미 히데요시는 조선 천추의 원수이며, 왜란은 종묘사직의 치욕, 만세에 없었던 변이다. 조선의 신하와 백성 된 자로서 누구인들 도요토

---

190) 에도 시대의 일본 의사이자 주자학 계열의 유학자(1688~1755). 한문, 조선어, 중국어에 능통했으며, 조선 무역의 중계 역할을 하던 쓰시마 번에서 외교담당문관으로 활약하였다. 일본 최초로 조선어 교과서인 교린수지(交隣須知)를 집필하였으며, 전문 통역관으로서 통역양성학교도 설립하였다. 대응한 외교관계를 강조했으며, 양국 우호에 기여한 인물로 평가됨. 그는 일본과 조선 사이의 교류를 성신(誠信)으로 하여야 함을 주장했다. 그는 성신은 곧 진실한 마음(實意)이므로 서로 속이지 않고 다투지 않으며 진실을 가지고 교제하는 일이라고 하였다. 그러면서 조선과 참된 성신지교를 하기 위해서는 송사를 전부 사퇴시키고 조금이라도 그 나라(朝鮮)의 번거로움이 되지 않도록 해야 한다고 주장함(한국어 위키백과).

191) 申維翰. 『海游錄 : 朝鮮通信使の日本紀行』. 姜在彦 譯(東京: 平凡社, 1974). pp.316~317.

미의 살을 갈가리 찢어 씹어 먹으려 하지 않는 자가 있었겠는가. 위로는 고관대작부터 아래는 노비에 이르기까지 도요토미를 악당, 도적이라고 하여 업신여기고 그것이 문장에 반영되었다 한들, 그건 애초부터 당연한 일이다.

임진왜란으로부터 약 130년 후의 신유한의 대답은 일본의 침략이 한국인에게 남긴 상흔(傷痕)이 얼마나 뿌리 깊은가를 잘 보여 준다. 잔센(Marius B. Jansen)[192] 교수는 아메노모리와 신유한의 대화가, 현대의 일본과 한국의 지식인 사이에 주고받는 대화라 해도 이상하지 않은 내용이라고 평했다.[193]

그 후 일본은 1876년에 군함을 동원하여 서양제국과 같은 방식으로 한국의 문호를 개방시켰다.[194] 서양제국이 일본이나 한국과 체결한 수호통상조약은 치외법권과 저율관세를 규정한 불평등조약이었다. 그런데 일본이 한국에 강요한 강화도조약은 치외법권과 일본상품에 무관세까지를 규정하여 어떠한 불평등조약에도 유례가 없는 극히 가혹한 것이었다.[195]

일본은 1894년 청·일 전쟁[196]을 일으켜 군대로써 한반도를 실질

---

192) 미국의 유명한 일본사학자로 프린스톤 대학의 역사학 교수. 저서로는 "JAPAN and Its World"(princeton University Press, 1980) 등 다수(http://hyunk02.egloos.com/908753: 검색일 '09.7.1.).

193) Marius B. Jansen(加藤幹雄譯). 『日本と東アジアの隣人: 過去から未來へ.』(東京: 岩波書店, 1999). p.42.

194) 1876년 정한론이 대두되었던 일본 정부에서는 전권대신 일행을 조선에 파견하여 운요호의 포격에 대하여 힐문함과 아울러 개항을 강요하였다. 2월에는 일본 사신 일행이 군함 2척 수송선 3척에 400여 명의 병력을 거느리고 강화도 갑곶에 상륙하여 협상을 강요해 왔다. 이에 조선정부는 구제관계의 대세에 따라 수호통상의 관계를 맺기로 결정하고 신헌(申櫶)을 강화도에 파견하여 일본 대신 구로다 기요타카와 협상하게 한 결과 강화수호조약이 체결되었다. 한·일 수호조약 또는 병자수호조약이라고 한다. 이 조약은 일본의 강압 아래서 맺어진 최초의 불평등조약이라는 데 특징이 있다(문화원형백과사전).

195) 서양이 일본과 맺은 조약도 자국민에 대한 치외법권과 수입상품에 대한 저율관세 등을 규정한 불평등조약이었다. 그러므로 일본은 1871년 이래로 불평등조약의 개정을 위한 노력을 기울였다. 그러면서도 일본은 한국에 자국민에 대한 치외법권은 물론, 수입상품에 무관세 조항까지 규정하는 가혹한 불평등조약을 강요했음(조기준 1984, 4~5).

196) 청일전쟁의 역사적 의의는 전쟁 이후 동아시아 3국의 진로를 결정하는 중요한 계기가 되었다. 전쟁으로

적으로 장악하고 내정간섭을 자행하였다. 이때 한국의 왕비인 민비가
러시아 세력을 이용하여 일본세력을 제거하려 하였다. 이에 주한일본
공사 주도하의 일본인들은 한국의 왕궁을 침범하여 민비를 살해하고
시체를 소각하였다. 당시 국모인 민비의 잔혹한 피살로 인하여, 한국
인은 '일본은 임진왜란 이래의 원수의 나라'라고 깊은 원한을 가지게
되었다.[197]

그 후 일본은 1904년에 러 · 일 전쟁[198]을 일으키고 2개 사단의 병
력으로 한반도를 점령하였다. 1905년에는 일본 군대가 한국의 왕궁을
포위한 가운데, 일본특사 히로부미(伊藤博文)는 한국의 고종황제와 대
신들을 협박하여, 소위 '을사조약'을 강제로 체결하고 한국의 외교권
을 빼앗아 갔다.[199] 이때 한국의 고종황제는 헤이그 만국평화회의에
밀사를 파견하여, "소위 보호조약은 강제로 체결되었으므로 무효"라
고 주장하였다.[200] 일본은 1907년 헤이그 밀사사건을 계기로 한국의

얻은 막대한 배상금, 과중한 세금수탈로 만들어진 군사비, 식민지 타이완으로부터 얻은 이윤, 전쟁으로
축재한 자본가의 이윤 등을 바탕으로 전쟁 후 일본 자본주의는 급속한 발전을 이룩했다. 반면 조선은 갑
오농민전쟁으로 표출되었던 변혁의지가 일본군에 의해 무력으로 암살당함으로써 자주적 개혁이 좌절되
었고, 일본 및 제국주의 열강의 수탈대상이 되었다. 또한 열강의 중국 분할이 본격적으로 진행됨에 따라
동아시아 제국주의 시대의 막이 열렸다(브리태니커).

197) 개화기에 일본의 왕후가 외국의 세력을 배격하려다가 그 외국의 공사가 지휘하는 외국인들에 의하여 참
    살되고 그 시체가 소각되는 참상을 겪었다면, 일본은 과연 그 외국에 대하여 어떠한 감정을 가졌을까 하
    는 것을 생각해 보고 한국인의 대일감정을 이해해야 할 것이다(김상기 1997, 59~63).

198) 러 · 일전쟁의 의의는 동아시아에서 식민지 분할을 위한 열강 간의 세력 각축의 결과였으며, 이는 한국
    및 만주를 둘러싼 양 제국주의 국가의 무력충돌에 그치지 않고 일본의 배후에는 영국 · 미국의 자본이,
    러시아의 배경에는 프랑스의 자본이 각각 지원한 제국주의 전쟁이다. 이 전쟁을 계기로 한국은 제국주
    의 열강의 승인 내지 묵인하에 일본의 식민지로 전락하게 됨(한국어 위키백과사전).

199) 을사조약을 통해 한국 정부의 외교권을 박탈한 일제는 12월 21일 통감부 및 이사청 관제를 공포하고,
    초대 통감에 이토를 임명한 데 이어, 1906년 1월 31일 주한일본공사관을 비롯한 각국의 영사관을 철수
    하고, 전국 13개소의 이사청을 설치하는 등 식민지 지배를 위한 기초공사에 착수했다(브리태니커 백과
    사전 을사조약 여파).

200) 고종은 을사조약 체결 이전인 1905년 11월 26일에 비밀리에 미국에 있던 헐버트(H. B. Hulbert)에게
    "짐은 총칼로 위협과 강요 아래 최근 한 · 일 양국 간에 체결한 소위 보호조약이 무효임을 선언한다. 짐
    은 이에 동의한 적이 없고 금후에도 결코 아니할 것이다."라는 급전을 쳐서 미국 정부에 전달하게 하였
    다(이선근 1963, 924).

고종황제를 퇴임시키고 한국 군대를 강제로 해산시켰다.

소위 '을사조약'을 계기로 봉기한 항일의병은 해산군인들을 흡수하여 전국 도처에서 일본 군대에 대항하여 치열한 무장투쟁을 전개하였다.[201] 1909년 9월과 10월 2개월간에 일본 군대와 경찰은 전라도 의병 출몰 지역을 사방으로 포위하고, 마을마다 집집마다 수색·체포·살육을 반복하여, 의병과 주민을 무차별 살상하는 등 무자비한 진압작전을 벌였다. 일본 측의 통계에 의하면, 1907년부터 1910년까지, 의병전쟁에 참가한 항일의병 수는 141,602명, 의병과 일본군의 교전 횟수는 2,852회, 의병의 전사자 수는 17,779명이었다.[202]

나아가 일본은 1910년에 그들이 세운 순종황제에게 '합병조약'을 강요하여 한국을 식민지로 만들었으므로,[203] 한국인은 일본에 대하여 망국의 한을 품게 되었다.

임진왜란 이전에도 수많은 왜구의 노략질이 있었지만, 현대 한국인에게 크게 각인된 부정적 인식은 임진왜란에서 촉발되었다. 부정적 인식은 구한말 탄압에 의한 병자수호조약 체결과 청·일 전쟁에서 국모살해사건을 거치면서 반일감정이 격화되었다. 1904년 러·일 전쟁을 통한 한반도 점령으로 강제 을사보호조약을 체결하고, 1910년

---

201) 제2차 항일의병으로 1905년 〈을사보호조약〉 후 전 참판 민종식 지휘 아래 강원도 홍천에서 起兵(1906년 3월 16일)했고, 山南에서 일어난 전 중추원의 鄭煥直, 경주에서 崔益鉉, 태인에서 林炳贊, 경북 평해에서 申乭石 등이 있다. 기관포대와 폭파대로 보강된 민종식의 의병군은 을사조약 이후 가장 큰 봉기였으며, 이로 인해 일본군은 전국 122개소에 경무분견소를 설치해 의병들과 대치했음(http://k.daum.net/view.html: 검색일 '09.6.25.).

202) 申維翰. 『海游錄:朝鮮通信使の日本紀行』. pp.410~415.

203) 한일합병은 1910년 한국이 일제침략에 의해 국권을 상실하고 일제의 식민지로 강제 편입된 사건임. '강무국치일제병란'이라고도 한다. 일제의 한국침략은 러일전쟁의 승리를 계기로 본격화됐다. 일제는 강압적인 무력을 앞세워 1904년 한일의정서, 그해 8월 한·일 외국인 고문용빙에 관한 협정서(제1차 한일협약), 1905년 11월 을사조약(제2차 한일협약), 1907년 7월 한일신협약(정미칠조약)을 차례로 체결하여 한국을 식민지화하기 위한 조치를 단계적으로 추진했다(브리태니커).

한 · 일 합방을 함으로써 반일감정은 극에 달했으며, 강점기 36년 치욕의 역사가 시작되었다.

나. 양국 국민의 상호인식

1) 한국인의 대일(對日) 인식

한국인의 반일감정은 여타 제국주의와 식민지 간에 행하여진 경험보다 더욱 탄압적이고 잔인하여 뿌리 깊이 각인되어 있다. 일본의 만행은 1919년 3월 1일 만세 운동에 대한 탄압과 대량학살, 애국인사의 처형 등을 비롯한 물리적인 탄압과, 일본과 조선은 하나이며 천황에 복종하는 '황국신민'[204]화를 위한 창씨개명, 신사참배, 일본어 교육 등 집단적이며 조직적인 일본화 교육을 통하여 민족혼 말살 정책을 자행하였다. 또한 일본은 한반도에서 대대적인 경제 착취를 자행했으며 징용 및 강제연행을 통하여 많은 한국인을 전쟁, 군수공장, 종군 위안부로 강제 징집하는 등 자국의 침략전쟁 수행을 위해 희생시켰다.

오랜 역사를 통하여 체험적으로 형성된 한국인의 대일관(對日觀)은 해방 이후 일본의 적극적인 과거사 청산 및 반성의 결여로 인해, 아직도 한국인 사이에 폭넓게 대일(對日) 불신감이 존재하는 커다란 이유가 되고 있다. 이는 근본적으로 일제 36년간의 식민통치를 놓고 한 · 일 간에 존재하는 서로 다른 역사적 인식을 갖고 있는 것에 기인하며, 이는 다시 일본의 보수 · 우익 성향의 정치인과 지식인에 의한 일본

---

204) 일제 강점기에, 천황이 다스리는 나라의 신하 된 백성이라 하여 일본이 자국민을 이르던 말이며 일제의 조선 민족 말살정책의 하나로 조선인에게 대일본제국의 신민이 될 것과 더 나아가 일본 천황에게 충성을 강요한 황국신민화 정책을 추진하였음(브래태니카, 국어사전).

의 한반도 지배를 합리화한 발언에 의해 더욱 증폭되었다. 대표적인 예로는 1953년 제3차 한·일 회담[205]에서 일본 수석대표 쿠보타(久保田)의 "일본이 36년간 한국을 통치한 것은 한국인에게 유익했다."는 망언과 일본의 군사적·정치적 통제 상태에서 강제로 체결된 한·일 합방조약에 대해서도, "한·일 합방조약은 대등한 입장에서 또 자유의사로 체결되었다(1965 佐藤榮作 수상).", "한·일 합방은 합의로 성립되었다(1986년 中曾根康弘 수상).", 그리고 "합방조약은 법적으로 유효하다(1995년 村山富市 수상)."라고 말해 오고 있다. 1974년 "한국이 한반도에서 유일한 합법정부가 아니다."란 발언을 한 외상 키무라(木村)의 망언, 1982년 교과서 파동과 일본의 식민지 경영합리화 및 저질 발언으로 물의를 일으킨 문부상 후지오(藤尾) 망언, 1990년의 종군 위안부와 관련된 망언들이 난무하여 2003년 6월 당시 아소(麻生太郎) 자민당 정조회장은 "일제 때의 창씨개명은 당시 조선인들이 조선인 신분을 숨기기 위하여 스스로 원하여 이루어진 것"이라고 주장하여 물의를 빚었다.[206] 2003년 10월에는 이시하라 신타로(石原愼太郎) 도쿄 도지사가 "한·일 합방은 조선인의 총의(總意)로 선택한 것이고, 일본이 결코 무력으로 침범하지 않았다.", "합방은 한국인이 선택한 것이므로 굳이 따지자면 합방의 책임은 한국에 있다."고 망언을 하여 물의를 일으켰다. 2007년 3월 1일 아베 총리는 "종군 위안부는 강제 동원한 사실이 없다."는 망언으로 한국인을 또 한 번 분노하게 했다. 그

---

205) 1953년 2월 15일에 평화선 문제, 재일교포의 강제퇴거문제 등을 안건으로 제2차 한일회담이 열렸으나 결렬되어 그해 10월 6일부터 재개된 제3차 회담에서 일본 측 수석대표 구보타(久保田)의 "일본 36년간의 한국 통치는 한국인에게 유익했다."는 망언으로 10월 21일 다시 결렬되었고, 그 후 오랫동안 중단되어 오다가 4차 회담은 4년 5개월 후인 1958년 4월 15일에 열렸다(네이브 백과사전).

206) 유영렬. 「한·일 관계의 새로운 이해」(서울: 경인문화사, 2006). p.189.

러므로 일본 정치지도자들이 과거사에 대하여 빈번히 사과를 한다
해도, 한국인들은 그것을 진정한 반성 또는 마음으로부터의 사과로
보지 않는다. 여기에 한·일 양국 간에 넘을 수 없는 장벽이 있다.

탈냉전 후 한국인이 갖고 있는 다른 부정적인 대일관은 미국 다음
가는 경제대국으로 발돋움한 경제력과 이를 중심으로 한 '신대동아
공영권' 형성 의도에 대한 우려이다. 또한 세계 2~3위의 군사비를 지
출하며 최첨단 무기체계를 구비하고 자위대의 해외파병 등을 통하여
적극적으로 국제문제에 개입하려 하는 일본의 군국주의 부활에 대한
염려 등 새로운 양상의 부정적인 인식도 증대되고 있다.

한편 일본의 경제발전과 양국 간의 교류 증대로 인하여 일본에 대
한 긍정적인 인식이 점차 증대되어 가고 있는 것 또한 사실이다. 이
와 같은 현상은 일제를 경험하지 못한 전후세대의 증가와 국교정상
화 이후 미국 다음가는 우방으로 경제·외교·안보상의 협력관계를
갖고 밀접한 관계를 유지해 온 것에 기인하고 있다고 하겠다. 특히
한국인이 일반적으로 일본에 대해 느끼는 긍정적인 측면은 일본인의
근면성과 친절, 일본 제품의 우수성 등을 들 수 있다. 또한 양국 간
교역의 증가 및 유학생과 방문자의 증가 또한 양국 간의 관계를 미래
지향적으로 이끄는 큰 요소로 작용하고 있다. 또한 재계(財界) 및 관
계(官界)에서는 한국 산업근대화의 모델로서 엔 차관 등을 통한 경제
및 기술원조 등을 제공하여, 경제발전에 기여한 면을 긍정적으로 평
가하고 있다.

한국인이 갖고 있는 대일(對日) 인식의 주요한 특징으로는 '싫어하
지만 배워야 한다'는 이중적인 친일관이라 할 수 있다. 이와 같은 인
식은 과거사에 대한 부정적인 감정과 경제발전을 통하여 본 일본의

긍정적인 면이 복합적으로 작용되었다고 볼 수 있다.

근대에 와서 한·일 양국이 상호 간에 가장 많은 관심을 가졌던 시기가 2002년 월드컵 공동개최 결정 이후부터 경기개최 전후 기간이라 생각된다. 당시 조선일보가 한국 갤럽에 의뢰하여 전국 20세 이상 1,053명을 대상으로 실시한 설문조사결과에 의하면 '일본에 친밀감을 느낀다'는 응답자가 35%로 늘어난 것은 이와 같은 월드컵 공동개최의 영향 때문이다.[207] 이것은 1991년 서울대학교 사회문제연구소 주관 '광복 30주년 국민의식조사'에서 나타난 일본에 대한 친밀감이 13.2%에 비해 3배나 가까이 늘어난 수치이다. 조선일보와 마이니치 신문이 상대국민에 대한 친밀감을 묻는 공동여론조사를 '95년부터 실시해 왔다. 일본에 친밀감이 있다는 한국 국민은 <표 2-18>과 같이 '95년 26%, '97년 29%, '02년 35%, '05년 26.8%, '08년 36.8%로 아직까지 절반에 미치지 못하지만 점진적으로 증가되고 있는 것이 사실이다.

<표 2-18> 한국인의 일본 친밀도(단위: %)

구분	1991년	1995년	1997년	2002년	2005년	2008년
친밀하다	13.2	26.0	29.0	35.0	26.8	36.8
친밀하지 않다	82.2	69.4	68.3	62.7	70.1	61.5

자료출처: 『조선일보, 한국갤럽』

특히 2008년 12월 20일 조선일보가 한국갤럽에 의뢰하여 실시한 한·일 공동 여론조사에서는 29세 이하 젊은 층의 친밀감은 48.8%이며, 교육 수준별로 대재 이상이 42.9%이고 직업별로는 학생이 58.8%

---

207) 「조선일보」. 2002년 2월 4일.

로 교육 수준이 높은 국민들이나 학생들의 친밀감이 상대적으로 높게 나타났다.[208] 한·일 양국 간의 국민의식은 완전히 청산되지 않은 과거사 문제, 보수·우파들의 돌출망언, 그리고 도서영유권 문제 등으로 인하여 기복이 있어 왔고 앞으로도 이와 같은 문제는 돌출될 개연성이 항시 존재한다. 하지만 전체적으로는 볼 때 일본에 대한 인식이 점진적으로 호전되어 가고 있는 것이 사실로 나타났다.

2) 일본인의 대한(對韓) 인식

일본인의 한국에 대한 인식은 크게 선진 문물의 유입과 위협의 통로, 대륙진출을 위한 출구로 알려져 있다. 일본은 역사적으로 한반도의 삼국시대, 고려시대, 조선시대를 통하여 선진 문물을 수입하게 됨으로써 자국의 국가체제 성립과 문화를 발전시켜 왔다. 그러나 일본이 한반도를 위협의 통로로 인식하는 측면은 한반도 자체를 일본의 위협으로 인식하지는 않으나 일본에 대한 유일한 위협은 한반도를 통하여 온다. 즉 '일본을 향한 비수(匕首)'라는 인식이 형성되어 왔다.[209] 멀리는 663년 나당 연합군의 대백제 구원파병과 백촌강전투,[210] 1274년 원나라와 고려 연합군의 일본 정벌계획, 가깝게는 1950년 한국전쟁의 발발과 한반도의 남북대립에 의한 일본의 공산화 우

---

208) 한국갤럽 2008년 12월 20일 여론조사(모집단: 전국 만 19세 이상 남녀, 표본크기: 1,052명, 표본오차: 3.0%), 친밀도 전체: 36.8%, 29세 이하: 49.4% 50세 이상: 29.9%, 학력 대재 이상: 42.9%, 중졸 이하: 29.3%, 직업별 학생: 58.8%, 농·어업: 27.6%(한국갤럽 2008, 2~3).

209) 일본은 한반도가 대륙으로부터 삐죽 튀어나온 모습을 빗대 마치 대륙세력이 일본열도를 향해 겨누고 있는 비수(匕首)와 같다는 묘사를 많이 해 왔다. 일본인들이 언제부터 이런 인식을 갖게 됐는지는 역사적으로 밝혀진 바는 없지만 원(元)과 고려 연합군의 일본 침공 이후가 아닌가 짐작할 뿐임(문화일보 2005.3.15.).

210) 신라 문무왕 3년(663) 나당연합군에 의해 백제가 멸망하자 나당연합군이 백제를 돕기 위해 왜가 파견한 400척의 전함과 군사 2만 7천을 금강하구에서 궤멸시킨 전투. 백강구 전투라고 하며 백강의 위치는 지금의 금강하류로 유추됨(브리태니커).

려 등을 그 예로 들 수 있다.

또한 일본은 도서국가로서 지정학적인 한계를 탈피하여 팽창주의 노선을 택할 때 한반도를 통한 대륙 진출이 불가피하므로 한반도의 장악을 통한 동북아에서의 주도권 획득을 추구해 왔다. 그리고 일본은 동북아에서 지리적으로 고립되어 있는 자국의 지정학적 강박관념과 더불어 한국의 전통적인 친중정책(親中政策)으로 인하여 형성된 고립에 대한 우려를 갖고 있다. 이는 동북아의 패권을 차지하려는 중국과 경쟁적인 관계를 가졌기 때문이고, 현재도 이와 같은 인식을 갖고 있는 일본으로서는 한반도의 안정이 동북아에서 자국의 향후 위상과 관계되므로 중요시한다고 볼 수 있다.[211]

일본인이 갖고 있는 대한(對韓) 인식은 주로 왜곡된 대한역사관의 지속과 이를 통한 일제 식민지 지배 합리화에 기인한다고 볼 수 있다. 일제의 한반도 식민지 합리화를 위해 조작된 황국사관[212]의 역사를 배워 오며, 많은 일본인들은 한국인에 대한 부정적인 편견을 가짐과 동시에 자국의 역사에 대해 우월감을 갖기도 한다. 특히 일본은 오랜 기간 동안 고대 일본이 삼국시대 초기 한반도에 '임나 일본부'[213]라는 식민지를 경영했다고 주장해 오고 있으며, 근세에 와서는 "서양의 제국주의로부터 아시아의 이웃 국가를 일본이 보호해야 한다."는 주장을 한 사이코 다카모리(西鄕陵盛)는 정한론[214]을 기정사실화하여 일

---

211) 최기홍. "한·일 군사 관계의 발전방향", 「정책연구보고서」. 1994. 국방대. p.21.

212) 한국민족이 오랫동안 식민지 백성으로 전락해 온 역사가 이제 일본의 황국신민이 되어 일본 천황의 지배를 받는 화려한 역사로 변화된 사실을 인식시켜 이를 영예롭게 의식하도록 만드는 역사관. 즉 일본의 역사를 천황 중심의 국가주의적 관점에서 보는 견해(http://cafe.daum.net/mishis/CZYi: 검색일 '09.7.1.).

213) 일본의 야마토왜(大和倭)가 4세기 후반에 한반도 남부지역에 진출하여 백제, 신라, 가야를 지배하고, 특히 가야에는 일본부라는 기관을 두어 6세기 중엽까지 직접 지배하였다는 설. 야마토왜의 남조선 경영설이라고도 불린다. 이 주장은 현재 일본의 교과서에 수록되어 일본인의 한국에 대한 편견과 우월감을 조장하고 있다(http://kr.blog.yahoo.com/shim4ro/267: 검색일 '09.6.23.).

제의 한반도 식민지 지배에 정당성을 부여하고 있다. 이와 같은 인식은 보수·우익 성향의 일본 지도층 및 일반 대중에 넓게 통용되어 왔다고 볼 수 있다. 일본의 보수·우익 성향의 지도자들은 냉전시대 식민지 지배의 정당성과 대한(對韓) 비판 자세를 숨기고, 반공이라는 명분하에 친한파(親韓派)로 행세하여 왔다. 그러나 이들의 본색은 탈냉전으로 인한 반공이념의 필요성 상실과 계속되는 한국의 과거사 사죄 요구 등에 반발하여, 그간 취해 왔던 외면적 친한 자세에서 가면을 벗고 본격적인 한국비판과 일본의 한국 식민지 지배의 정당성을 주장하기 시작했다.

이러한 소위 친한파로 분류되어 온 지도자 및 지식인 간에 대두되기 시작한 '혐한론'215)은 종군위안부문제를 둘러싼 한·일 간의 논쟁을 둘러싸고 더욱 확대되었다. 대표적인 혐한론자들의 주장을 열거하면 다음과 같다. 첫째로 '추한 한국인'의 저자인 카세 히데야키(加瀨英明)는 "한국은 일본 통치가 모두 나빴다는 삐뚤어진 관점을 갖고 있다. 그러나 일본은 한국을 위하여 중공업을 일으키고 항만, 항구, 철도 등을 건설하였으며, 한글을 최초로 가르쳐 준 곳도 조선총독부였다."라고 주장했다. 둘째로 메이지대 교수 이리에 다카노리(入江陵側)는 "역사적 사실로 볼 때 일본은 아편전쟁 이후 서구 열강들의 침략

---

214) 일본 정부 내에서 메이지 유신(明治維新) 초기에 대두된 조선침략론으로 조선을 무력 침공한다는 도쿠가와 시대(德川時代)에도 제기되었으나, 1868년의 메이지 유신(明治維新)을 전후하여 본격적으로 제기되었다. 이들은 왕정복고와 존왕양이를 주장하며 도요토미 히데요시(豊臣秀吉)의 유업을 계승하여 대륙을 공략해야 한다고 주장함(브리태니커 일본역사).

215) 혐한이라는 단어가 처음 만들어진 것은 1990년대 초반 일본의 보수·우익 계통의 언론들에 의해서였다. 일본의 아키히토(明仁) 천황은 1990년 노태우 숯 대통령의 방일(訪日)을 계기로 "통석(痛惜)의 염(念)을 금할 수 없다."며 과거사에 대해 사과했다. 그러나 노 대통령과 한국 국민들은 천황의 애매한 수사를 비난하며 확실한 '사죄와 보상'을 다시 요구하였고 이러한 한·일 간 감정대립 관계에서 혐한론이 대두되기 되었다(브리태니커).

이 본격화된 시대에 현실적 판단을 내린 것이다. 러 · 일 전쟁에서 일본이 러시아에 패했다면 한국은 러시아의 식민지가 되었을 것이다."라고 말했다. 셋째로 사토 카츠미(佐藤勝巳) 현대코리아 주필은 "일제 36년을 방패로 탁상을 치며 큰소리를 지르면 일본인을 위협할 수 있다. 그러면 금방 사죄하며 양보한다. 이런 종류의 테크닉을 한국 측은 몸에 익힌 것 같다."라고 주장했다.[216] 이와 같은 일본 지도층 및 보수 · 우익 지식인들의 왜곡된 대한관이 양국 관계 발전의 저해요소로 작용해 온 것이 사실이다

　하지만 1998년부터 시작된 일본문화개방, 2002년 월드컵 공동개최 등으로 일본인의 한국에 대한 태도가 변하고 있다. 특히 보아나 배용준과 같은 한류열풍으로 과히 놀랄 정도의 한국에 대한 대단한 관심은 일본의 한국에 대한 인식의 변화를 여실히 보여 준다.[217] 게다가 북한 핵과 미사일이라는 양국의 공동 위협이 부각되면서 공동 안보에 대한 공감대가 형성되고 있다. 최근 일본인이 한국에 대한 친밀도가 57%로 역대 최고의 친근감을 보인 것은 이와 같은 인식에 기인된 것으로 밝혀졌다. 2008년 말 일본 내각부가 발표한 자료에 의하면 '한국에 친밀감을 느낀다'는 응답이 지난 2007년보다 2.3% 증가한 57.1%였다. 1975년 최초 조사 이후 최고치로 이명박 대통령 취임으로 관계 개선이 됐고, 민간교류가 확대된 점이 긍정적 영향을 미쳤다는 분석을 내놓았다.[218] <표 2 - 19>에 나타난 바와 같이 2005년 3월 16일 일본의 '다케시마(竹島)의 날 제정'[219] 등으로 인하여 한때 일시적 냉

---

216) 유영렬. 「한 · 일 관계의 새로운 이해」. p.190.

217) http://cafe.daum.net/septbreak/4FeB: 검색일 '09.7.1.

218) http://twar.cnbnews.com/tbattle: 검색일 '09.4.21.

각기가 있었지만 전체적으로는 꾸준한 상승세를 나타내고 있다.

<표 2-19> 일본인의 한국 친밀도(단위:%)

구분	1999	2001	2003	2005	2006	2007	2008
친근하다	48.3	50.3	55.0	51.1	48.5	54.8	57.1
친근하지 않다	46.9	45.5	41.0	44.3	47.1	42.6	40.9

자료출처: 『일본 내각부 홈페이지』

국민대 이원덕 교수도 "과거사와 독도문제 등으로 일본인의 한국 친밀감에 영향을 받고 있는 것은 사실이지만 한류의 영향으로 일본인의 절반 이상은 한국에 대하여 호감을 가지고 있다."고 했다. 일본도 20·30대 젊은 층이 50대 이상에 비해 한국에 대한 친밀감이 10% 이상 높기 때문에 전문가들은 양국 관계가 더욱 호전될 가능성이 높은 것으로 전망하였다.[220]

양국 국민의 상호인식에서 나타난 현상은 부정적인 인식이 세월이 흐름에 따라 개선되고 있으며, 특히 미래의 주역인 젊은 층과 고학력층의 친밀도가 높게 나타났다. 특히 일본인이 한국에 대한 호감도(57.1%)보다 한국인의 일본에 대한 호감도(36.8%)가 상대적으로 낮으므로 향후 양국 관계 발전을 위해서는 한국인의 인식과 발상의 전환이 필요하다.

역사는 언젠가는 반복되기 때문에 결코 과거사를 망각하지는 말아

---

219) 일본 시네마 현에서 2005년 3월 16일 독도가 일본 영토라고 주장하면서 '다케시마(竹島: 독도의 일본 명칭)날'을 제정함. 이에 대응하여 한국 정부에서는 주한일본대사에게 유감을 표명하고 당시 라종일 주일한국대사를 소환함으로써 한때 양국 외교관계가 소원해졌고 일본인들의 한국에 대한 인식도 한때 부정적인 반응이 나타났으며 이로 인하여 양국 사이에 계획된 상호교류행사 25건이 중단되었음(위키백과사전, 교도 통신사 2005.4.16.).

220) 『조선일보』, 2009년 1월 2일.

야 한다. 하지만 어두운 과거가 희망찬 미래에 족쇄가 되어서는 곤란
하다. 따라서 극일 차원에서 과거사 중 부정과 긍정을 명쾌히 구분하
고 긍정적인 부분을 재조명한다면 새로운 관계 개선의 터전을 마련
할 수 있을 것이다.

다. 해군장교의 대일(對日) 인식

일반 국민의 일본에 대한 인식은 개인적인 역사인식이나 견해의
차이에 따라 다양할 수밖에 없다. 즉 개인이 종사하는 분야가 일본과
의 상호성 여부에 따라 다양한 반응이 나올 수 있다. 따라서 범위를
좀 더 축소하여 안보·군사 분야의 여론을 좀 더 심층적으로 파악하
기 위하여 해군 협력 당사자들의 견해를 설문 조사하였다.

1) 설문 대상

해군 구성원은 신분상으로는 장교, 부사관, 병, 군무원으로 구성되
어 있고 장교는 소위에서부터 대장까지 여러 계층의 계급구조를 형성
하고 있다. 설문 대상자를 선정함에 있어서 우선 신분상으로는 해군정
책을 주도할 장교를 대상으로 하였고, 장교 중에서도 3급 지휘관(육군
의 중대장에 해당)을 이수한 최소한 10년 이상 복무자로 향후 20년 이
상 복무가 가능한 엘리트장교단으로 하였다.[221] 해군주관의 장교 계
급별 필수 교육과정은 초등군사반, 고등군사반, 해군대학과정으로 구

---

221) 해군장교의 진로는 크게 3가지로 분류된다. 첫째는, 의무복무자로 학군사관후보생(NROTC)은 임관 이후
2년을 복무하며, 학사장교(OCS)의 경우는 임관 이후 3-7년을 복무함(3년 이상 복무 장교는 재학기간
에 장학혜택을 받은 장교로 4-7년을 복무함). 둘째, 5년차 전역으로 사관학교 출신 장교 중 원에 의거
임관 후 5년차에 전역기회를 줌. 셋째는 사관학교 출신 및 기타 출신 장기복무로 분류된 자로 본인의
원에 의거 10년 이상 장기 복무하게 됨.

분되며, 초등군사반은 소위 임관 후 분대장(육군의 소대장에 해당) 임무수행을 위한 교육이며 고등군사반은 3급 지휘관 그리고 해군대학과정은 2급 지휘관(육군의 대대장에 해당) 임무수행 자격을 구비하기 위한 교육이다. 따라서 군사협력에 대한 설문의 특성을 고려하여 해군의 최고 교육과정인 해군대학과정 정규반 영관장교를 설문 대상으로 하였다. 2009년 해군대학 정규과정 학생장교 총 94명 중 외국장교 7명, 육군 3명, 공군 1명, 군무원 1명을 제외한 82명이 설문 대상이다.

<표 2-20> 설문 대상자 일반적 특성

구 분		인원(명)	비율(%)
출신별	해사	53	65.4
	학군	9	11.1
	학사	19	23.5
병과별	항해	34	42.0
	기관	7	8.6
	항공	4	4.9
	정보	1	1.2
	정보통신	6	7.4
	시설	3	3.7
	조함	2	2.5
	보급	2	2.5
	경리	1	1.2
	의정	1	1.2
	보병	13	16.0
	포병	4	4.9
	기갑	3	3.7
군경력별	11년	23	28.4
	12년	14	17.3
	13년	25	30.9
	14년 이상	19	23.5
계		81	100

본서의 조사응답자는 군 조직 특성상 설문 대상자 81명이 설문에 응하여 응답률은 98.8%이다. 출신별로는 해군사관학교가 65.4%로 주축을 이루고 그다음으로 사관후보생이 23.5%이며 학군후보생이 11.1%로 구성되어 있다. 병과별로는 항해가 42.0%로 주류를 이루고, 다음으로 해병(보병, 포병, 기갑)이 24.6%이며 기타 기관 등 8개 병과가 33.4%를 차지하고 있다. 해군대학과정 영관장교 81명에 대하여 일본과 일본 해군에 관련된 설문의 결과는 다음과 같다.

2) 영관장교 설문 결과

첫째, 먼저 현역 영관장교들의 일본에 대한 이미지를 확인하기 위하여 일본에 대한 인식을 질문하였다.[222] 일본에 대한 인식은 잠재적국으로 부정적이라는 인식도 <표 2-21>과 같이 30.9%를 차지하고 있지만 대다수 영관장교들(63%)은 향후 관계개선을 해야만 하는 상대로 생각하고 있었다. 이와 같은 설문결과는 일반 국민들의 일본 선호도(37%)보다 훨씬 높으며 현재보다는 미래를 지향하는 인식의 차이라고 볼 수 있다.

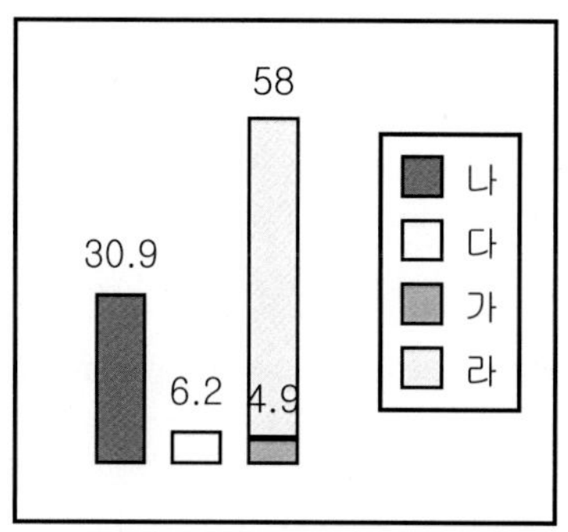

〈표 2-21〉 일본에 대한 인식

둘째, 양국 해군 협력의 현상 진단을 위해 현재 한·일 해군 협력의 수준은 어느 정도로 생각하는지 질문하였다.

현재 한·일 양국 간의 해군 협력 수준은 <표 2-22>에 나타난

---

222) 각 〈표〉의 설문 문항의 '가' '나' '다' '라'에 대한 세부 내용은(부록 1) 해군영관장교 설문지 참조.

바와 같이 대다수 영관장교들(79.0%)이 현재의 양국 해군 협력은 최소한의 격식만 구비했거나 안보목적으로는 도움이 되지 않는 수준이라고 응답하여 양국 해군 협력의 문제점을 식별해 볼 필요성을 인식했다.

셋째, 협력이 부진한 이유를 식별하기 위해 전항에서 '최소한의 격식만 구비한 교류이다'라고 답변하였다면 한국 입장에서 가장 큰 이유는 무엇이라고 생각는지 질문하였다.

한국 입장에서 한·일 해군 간에 내실 있는 협력이 추진되

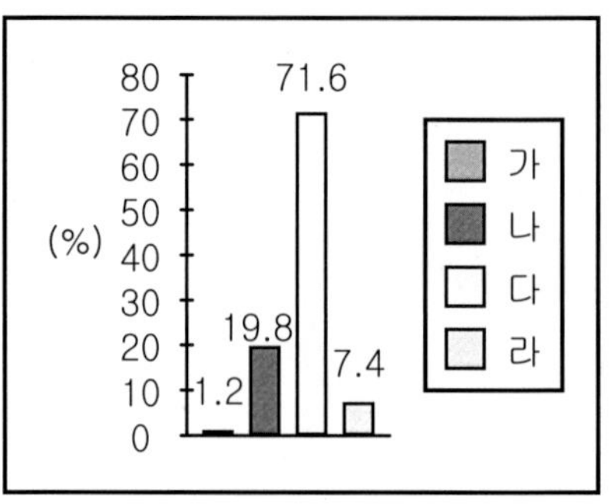

〈표 2-22〉 한·일 해군 협력 수준

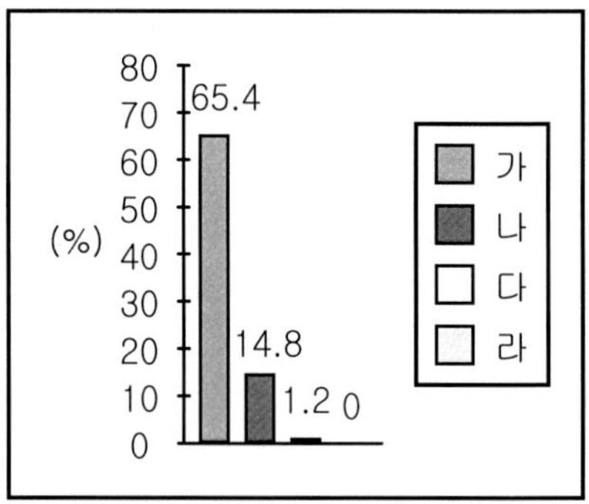

〈표 2-23〉 한·일 해군 협력 수준 한계 배경

지 못하고 있는 이유로는 <표 2-23>과 같이 첫째가 과거사를 포함한 역사인식(63%)이고, 두 번째가 독도 영유권 문제(14.8%)라고 답변하여 현실적 이해관계보다 과거인식이 큰 문제로 대두되는 것으로 나타났다.

넷째, 영관장교들의 대일(對日) 안보관을 확인하기 위해 미래 한·일 해군관계가 어떻게 발전해야 한다고 생각하는지에 대하여 질문하였다.

미래 한·일 해군 협력관계에 대한 견해는 <표 2-24>와 같이 대부분 영관장교들(91.4%)은 현재보다는 한 단계 성숙된 협력으로, 포괄적 위협에 공동 대응토록 하고 상호 간에 선진화된 기술과 정보를 교류해야 한다는 의견을 제시하였고, 양국 간 군사협력이 불필요하다는 의견은 3.7%에 불과하였다.

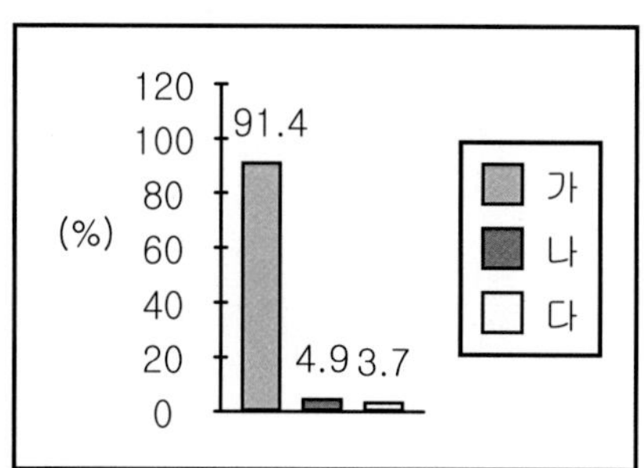

〈표 2-24〉 미래 한·일 해군 관계 전망

다섯째, 해방 직후 양국 해군 교류 역사에 대한 인지도를 측정하기 위하여 한국 해군이 창군준비(해방병단) 시 구 일본 해군과의 교류내용에 대하여 질문하였다.

2차 대전 종전 후 창군준비 시 한·일 해군교류에 관한 지식을 파악하는 설문에서 대부분 장교들(83.9%)이 잘 모르거나 교류가 없었던 것으로 알고 있었으며, 다만 소수 장교들(16%)만이 잘 알고 있는 것으로 나타났다.

여섯째, 창군 준비 초기 기반전력(함정)의 출처에 대한

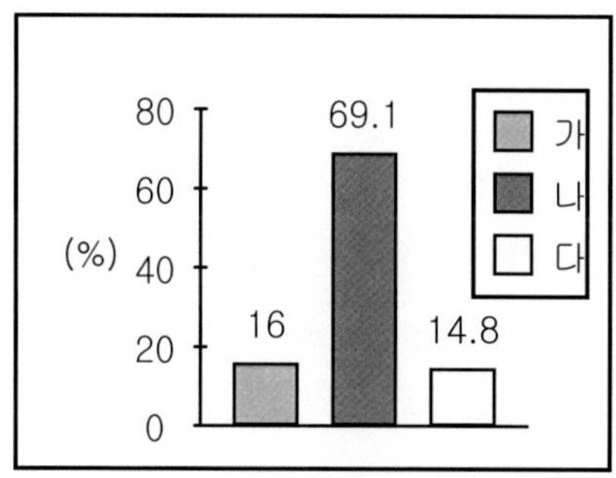

〈표 2-25〉 창군 준비시 구 일본 해군과
교류 인지도

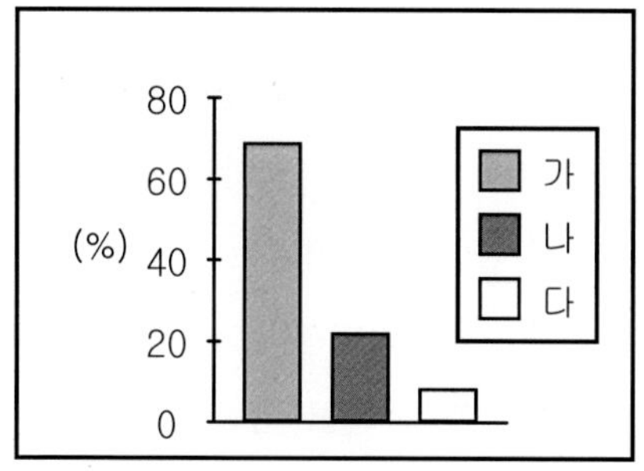

〈표 2-26〉 한국 창군시 운용한 함정 인지도

인지도를 확인하기 위하여 한국 해군이 창군준비 시 운용한 함정이 주로 어느 나라로부터 입수되었는지를 질문하였다.

창군준비 초창기 함정의 출처에 대해서는 <표 2－26>과 같이 다수 장교들(69.1%)이 주로 미국 함정이라고 답변하였고, 일부 장교들(22.2%)만이 주로 일본 함정이라고 답변하였다. 실제 창군 초기에는 미제(美製) LCI 2척과 일제(日製) JMS 11척으로 시작하였다. 결과적으로 창군기의 양국 간의 교류사를 제대로 알고 있지 못하는 것으로 나타났다.

끝으로 한·일 해군 협력의 미래를 종합 예측하기 위하여 향후 한·일 해군 협력에 대한 전망을 질문하였다. 설문 대상 81명 중 51(63,0%)명이 소견을 상세히 기술하였다. 일부 극소수 장교는 협력이 필요 없거나 부정적이라고 답변하였고, 몇몇 장교는 미국을 포함한 다자간 협력체제로 발전되어야 한다는 전망을 하였으나, 대다수 장교들은 양국의 미래를 위해서 한 단계 성숙된 해군 협력 관계로 발전될 것이라는 전망은 하지만 과거사 등 역사인식 문제, 독도 등 현안문제 등이 돌출하거나 상호 간에 획기적인 인식전환이 없는 한 순탄하지는 않을 것이라고 응답하였다.

3) 해군 영관장교의 견해 종합

설문 대상자인 중견장교들은 직업특성상 상대적으로 안보에 대한 관심이 높은 집단이라고 볼 수 있다. 따라서 설문결과도 일반 국민들의 여론보다 좀 더 현실적 접근이며 군사안보 분야 지식과 경력에 따라 신뢰도도 높다고 보아야한다. 우선 해군 중견 장교들이 일반 국민들의 여론에 비하여 긍정적인 비중이 훨씬 높은 것은 신분 특성상 단순한 대일(對日) 인식보다는 앞으로 일본 해군과의 관계를 고려한 응답이라고 생각되고, 한편으로는 양국 간 군사교류도 해군 중심으로 추진되어 상호 간에 함정교류, 방문 등 일본과의 교류영역이 증대되면서 선진화된 군사지식을 직·간접적으로 접하게 되었기 때문이라고 생각된다. 대다수 장교들은 현재 한·일 해군 협력은 양국 간의 과거사 등 역사적 장애로 인하여 내실 있는 협력이 되지 못하고 있다고 느낀다. 그들은 언젠가는 현재보다 한 단계 성숙된 군사협력관계를 유지해야만 미래의 포괄적 위협에 실효적으로 대응할 수 있다는 의견을 제시하였다. 해방 직후 한·일 해군 간에 어떠한 교류와 협력이 있었는지 협력의 역사적 기원에 대한 지식수준은 전무(全無)라고 할 정도로 낮았다. 이와 같은 현상은 부정적인 과거사의 대세로 긍정적인 양국 관계가 소외될 수밖에 없었기 때문이라 생각되며, 이에 따라 일본에 대한 긍정적 역사 탐구도 소홀하게 되었다고 여겨진다. 결과적으로 초등교육에서부터 일본인의 잔악한 만행으로부터 시작된 반일(反日)·항일(抗日) 교육이 뇌리에 강하게 각인되어 오늘에 이르게 되었으며, 여기에 주기적으로 돌출하는 일본인의 망언이 고정관념을 더욱 고착시켜 왔다.

끝으로 향후 양국 해군 협력에 관한 전망을 묻는 설문에서 대부분의 장교들은 양국 해군의 적극적인 협력으로 상호 간에 관계 발전을 예상하면서도 과거사 등 양국 관계 개선의 걸림돌을 근본적으로 치유하지 못한다면 계속해서 장애가 될 것이라고 우려를 표명하였다.

4. 평가

한·일 양국 간 군사협력관계는 지엽적이긴 하나 해방 이후 태동기부터 진행되었다고 볼 수 있다. 태동기 초기에는 미국 군정 통치하에 미국의 영향을 받게 되는 공통점도 있지만 한국 해군은 창군 당시부터 매우 어려운 여건에서 출발하면서 한편으로는 일본의 영향을 많이 받은 것이 사실이다. 무엇보다 한국전쟁에서 일본 특별소해대의 참전과 흥남철수작전 지원은 한·일 관계 재조명의 모멘트가 될 수 있는 역사적인 사건임이 틀림없다. 한국 해군은 성장기 자주국방의 기틀을 마련하여 일취월장하였으며 21세기에 진입하여 이지스구축함을 포함한 첨단전력을 확보하게 됨으로써 양국 상호협력 '호혜성'의 조건도 구비하게 되었다.

해방 후 60여 년의 한·일 해군 협력 역사가 획기적인 발전을 해온 것은 부인할 수 없다. 침략과 식민지 36년간의 민족감정으로 인하여 '가까우면서 먼 일본'의 관계를 형성할 수밖에 없었던 상황하에 양국 해군은 관계를 맺게 되었다. 한국 해군은 창군준비기부터 선진해군의 적극적인 지원이 필수적이었으나 그 상대가 불편한 일본이라는 관계로 인하여 최소한의 기술전수 수준에 한정하였다. 한국전쟁 이후 한·일 관계는 양국 간 국교정상화 문제가 쉽게 해결되지 않아 한동안 소원한 상태로 진행되다가, 1965년 국교정상화 이후부터 서서히 경제 분야를 시작으로 여러 분야로 확대되었으며, 예민한 분야인 안보·군사 부분에서도 단계적으로 문호를 개방했다. 양국 해군 협력은 1970년대에 들어와 인사교류를 시작으로 1990년부터는 간접적이긴 하나 미국이 주도하는 환태평양(RIMPAC) 훈련에 상호 간에 참여하게 되었으며, 1998년부터는 양국 간에 수색 및 구조훈련을 포함하여 각종 훈련이 확대되었고 여러 분야에서 교류의 폭이 늘어났다.

양국 협력에 대한 국민들의 인식도 일본 보수·우파 정치인들의 망언으로 인하여 때때로 국민적 감정이 격화되어 기복이 있긴 하였지만 점진적으로 호전되어 가고 있으며 특히 젊은 층의 호감도가 상대적으로 높은 것은 더욱 희망적이라고 볼 수 있다.[223] 특히 바다와 군사 분야에 특별한 관심집단인 해군 영관장교의 설문조사에서 대다수 장교들이 "역사적 인식은 잊지 말되 양국의 미래를 위해서는 더욱 적극적인 군사협력을 하여야 한다."는 의견으로 일반 국민들의 일본에 대한 호감도보다는 상대적으로 높게 나타났다.

일본 국민들의 한국에 대한 호감도가 한국 국민들의 일본에 대한 호감도보다 훨씬 높게(20.2%) 나타났으며 양국 군사협력에 있어서도 일본은 공군기의 연합훈련까지 제안할 정도로 적극성을 보이고 있다. 따라서 한 단계 발전된 협력을 위해서 한국인의 인식전환과 적극성이 필요하다.

결과적으로 지금까지 추진해 온 양국 해군 협력은 협력의 진행속도가 느리고 수준이 한계가 있다는 것이다. 양국 해군 협력 현상의 걸림돌은 과거사 문제 등 부정적인 역사인식이 큰 비중을 차지한다고 하였다. 이와 같은 문제점을 개선하기 위해 양국 해군 변천역사 속에서 그 해답을 도출한다. 즉 양국 해군 변천역사 속에서 상호협력

---

223) 한·일 양국민의 상대국에 대한 친밀도에서 1990년 초에서 2008년까지 16년간 일본인이 한국에 대한 친밀도가 40%에서 57.1%로 17.1% 상승한 반면 한국인이 일본에 대한 친밀도는 13.2%에서 36.8%로 23.6% 상승하였다. 절대적으로는 일본인이 한국에 대한 친밀도가 20.2% 정도 높지만 한국인이 일본에 대한 친밀도가 더 높게 향상되고 있다는 것은 향후 한일관계 발전에 긍정적인 요인으로 보아도 될 것이다(한국갤럽 2008, 1~3).

의 촉진 요인을 찾아내어, 이를 기반으로 하는 양국 해군 협력이 추진된다면 그 협력은 한 단계 발전할 수 있으며 오래 지속될 수 있을 것이다. 따라서 다음은 양국 해군 변천과 협력 과정에서 형성된 협력의 '역사적 기원과 상호 관계'를 도출한다.

Ⅲ. 한·일 해군 협력의 촉진 요인

1. 해군 협력의 필요성 및 장애 요인

역사적 촉진 요인 분석에 앞서 먼저 한·일 간 현재의 필요성과 장애 요인을 살펴보도록 하자. 한·일 간의 해군 협력에는 지리적으로 해양을 경계로 인접한 특성뿐만 아니라, 한·일 모두 미국과 강한 군사동맹을 맺고 있다는 공통점이 있어 양국 관계를 더욱 활성화할 필요성과 가능성을 가지고 있다. 특히 무기체계나 전술 등에서 미국으로부터 유사한 형태로 전수받아 이를 발전시키고 있는 양국으로서는 상호 보완하여 발전시킬 수 있는 분야가 많이 있으며, 인접국이라는 지리적 근접성으로 인해 서로에게 도움과 이익이 될 수 있는 분야가 많다. 그러나 이와 같은 필요성에 따라 적극적인 협력이 추진되지 못함은 역사적 인식을 필두로 여러 가지 장애요소의 영향 때문이라고 할 수 있다.

가. 한·일 협력의 필요성

1) 한·일 간 신뢰구축의 시급성

남북한이 현실적으로 대치하고 있는 상태에서 한·일 양국의 군사협력 강화는 북한의 도발을 억지하는 데 큰 도움이 되고 있다. 하지만 아직도 과거 일본의 침략에 대한 기억이 생생한 우리로서는 일본의 군사적 역할 확대를 쉽게 받아들일 수 없기 때문이다. 여기에는 과연 일본을 믿을 수 있을 것인가 하는 우리의 신중한 입장이 내재되어 있다.

이런 상황에서 현재 미·일 양국은 '포괄 메커니즘'을 형성하여 일본 유사시 공동작전계획 및 주변 유사시[224] 상호협력계획 수립에 착수했고, '조정 메커니즘'을 구축하여 긴급사태 시 활동에 관한 조정 작업을 준비하고 있다. 특히 한반도 유사시, 미사와(三澤) 제35항공단, 요코스카(橫須賀) 제7함대, 사세보(佐世保), 이와쿠니(岩國)의 주일 미해·공군이 한반도로 출동하고 오키나와(沖繩)기지의 제3해병사단이 한반도 상륙작전을 전개하게 되어 있다.[225] 이때 자위대는 주변사태 조치법에 따라 40개 항목에서 미군을 후방 지원하게 된다. 즉 전투는 한·미 연합군, 후방(일본영해·공해상, 일본국내)보급지원은 일본이 맡는 3각 안보체제가 성립되는 것이다. 문제는 한·일 간에는 아직 신뢰관계가 조성되어 있지 않는 데 있다. 이런 상태에서 자위대가 한반도 유사시 선박의 검문·검색, 기뢰제거, 미군의 탄약·무기수송 등의 임무를 수행한다는 명분으로 한국의 영해·영공으로 들어올 경우, 또는 한국에 사는 일본인을 구출한다는 명분으로 상륙하여 북한군과 교전하는 경우, 한·일 간에 미묘한 긴장관계가 조성될 수 있다.

---

224) 일본 정부는 '주변유사'의 범위를 다음 6가지 정황으로 정의하고 있다. ① 일본 주변지역에서 무력분쟁의 발생이 임박할 경우, ② 무력분쟁이 발생하고 있는 경우, ③ 분쟁은 일시적으로 중단되었지만 질서회복이 이루어지지 않은 경우, ④ UN안보리의 경제제재의 대상이 되는 경우, ⑤ 어떤 국가가 정치체제가 혼란, 일본에 대량난민이 유입하는 경우, ⑥ 어떤 국가에서 내란/내전이 발생, 이것이 국제적으로 확충되는 경우 등이다(김형수 2004, 40).

225) 일본에서 한반도로 출동하는 미군은 전투투입병력의 30%, 나머지는 일본을 거치지 않고 곧바로 한반도에 투입. 이 중 해병3사단이 주둔하고 있는 오키나와의 미 해병대는 해외 유일의 해병대임(해병 1사단은 캘리포니아, 해병2사단은 노스캐롤라이나에 주둔)(김봉섭 2000, 87).

그러므로 한반도 유사시에 예상되는 일본 자위대의 활동사항[226] 등에 관해서는 한·일 양국 간에 보다 구체적인 상호협의가 진행되어야 한다. 유사시 일본의 공해상 활동은 한국 해군과의 협력이 불가피하고 원활한 협력을 위해서는 상호 간에 두터운 신뢰가 조성되어야 한다. 평소 신뢰 구축이 시급한 것은 주변사태는 예고 없이 언제든지 발생할 수 있기 때문이다.[227]

이런 점에서 평상시부터 양국 간에 군사적 신뢰 구축이 무엇보다도 선행되어야 한다.

2) 동북아의 안정적 균형유지를 위한 협력

한·일 양국은 모두 동북아의 안정적인 균형유지라는 전략 환경에서 전후(戰後) 경제적 번영과 안정을 이루어 낼 수 있었다. 동북아에서 안정적인 질서를 유지하는 문제는 양국의 안정과 번영에 있어서 공히 매우 중요한 사안인 셈이다. 따라서 동북아의 안정적 질서를 유지하는 문제는 한·일 간의 공통이익이며 중요한 안보협력의 대상이다. 현재 한·일 양국은 동북아의 안정적 균형에 있어서 미국과의 안보관계를 중시하고 있으며, 그러한 맥락에서 자신의 역할을 미국과의 동맹관계에 제한하고 있는 실정이다. 한·일 양국은 공히 동북아의 안정적 균형을 위해 미국의 균형자적 역할이 필수적임을 인식하고

---

226) ① 피난민 구조 및 구호활동, ② 한반도 유사시 주한 미국인 및 일본인의 철수작전(NEO), ③ 한·일 간 인접해역에서 실종된 미군의 탐색 및 구난활동, ④ 북한에 대한 경제제재를 위한 선박임금활동, ⑤ 미군에 대한 후방지원 작전, ⑥ 미군의 요청에 의한 소해작전, ⑦ 미군에 대한 안전한 후방지원을 위한 해상교통로 보호 등(김기호 2006, 501).

227) 북한 김정일 국방위원장이 기존에 알려진 뇌졸중 외에 췌장암에 걸리어 최대 5년을 넘지 못할 것이라고 말했음. 이와 같은 배경으로 인하여 후계자(김정운)를 조기에 내정하였다고 함. 이러한 요인들이 예측할 수 없는 북의 돌발 사태 즉 주변사태의 개연성을 높일 수도 있음(YTN 2009.7.13.).

있다. 따라서 일본은 아시아 태평양 지역에서의 안정과 평화로 미·일 안보체제의 영역 확대를 통해 미국의 역할을 지원하고 있으며, 한·미 동맹관계도 미·일동맹과 비슷하게 지역적 의미를 가지는 동맹으로 전환될 것으로 전망된다.[228]

한편 미·중 관계가 향후 동아시아의 질서 형성에 결정적 요인이 되는 것은 자명하다. 미·중 관계가 극도의 대립 상황이 되는 것은 동북아 평화에 바람직하지 않다. 미·중 공동패권이라는 시나리오 역시 바람직하지 않다. 이 때문에 미·중 관계의 틀 속에서 그 관계가 악화되지 않도록 조정 능력을 가지면서 어느 정도 발언권을 확보하는 힘이 필요하다. 한국의 경우 남북통일이라는 과제를 안고 있어 우호적인 미·중 관계가 절실히 요구된다. 그런 의미에서 바람직한 동북아 질서 형성의 방식에 관해서는 한·일 간에 공통의 이해가 존재한다.

3) 주변 위협에 공동 대응

한·일 양국의 우선적인 주변 위협은 북한의 핵과 미사일이라는 데에 이견은 없다. 북한은 2006년 10월 9일 함북 풍계 부근에서 플루토늄(plutonium)을 이용한 1차 핵실험을 단행하였고 2009년 5월 25일 2차 핵실험을 감행하여, 1차 핵실험의 성공 여부를 둘러싸고 제기된 논란을 잠재우며 핵무기 보유국가임을 공식화함으로써 사실상 북한은 세계의 9번째 핵보유국이 되었다.[229] 이명박 대통령은 2차 핵실험을 실시한 날 국가안전보장회의(NSC)에서 "참으로 실망스럽다."면서 "정부는 어떠한 상황에서든 흔들리지 말고 의연하고 당당하게 대응

---

228) http://kjstin-nuri.com/15threport/paper3.hwp: 검색일 '09.3.4.
229) 「국방일보」, 2009년 5월 25일.

하되 빈틈없는 안보태세로 국민이 불안해하지 않도록 하라."고 지시했다. 이 대통령은 이날 오후 4시 아소다로(麻生太郎) 일본 총리와 전화통화로 공동대응책을 논의했다.[230] 핵실험은 핵무기 보유를 알리는 가장 직접적이고 공개적인 방법으로 핵실험을 감행한 국가는 사실상 국제적으로 핵클럽[231]의 일원으로 간주되어 왔다.[232] 핵무기 운반수단은 탄도미사일, 항공기, 잠수함. 발사 미사일로 나누어 생각할 수 있으며, 북한은 이 세 가지의 가능성을 모두 추진하고 있다고 판단된다. 세 가지 운반수단 중 역시 최고의 관심사는 탄도미사일이다.

<표 3-1> 북한의 미사일 제원

구분	SCUD-B	SCUD-C	노동	중거리미사일	대포동 1호	대포동 2호
사거리(km)	300	500	1,300	3,000	2,500	6,700
탄두중량(kg)	1,000	770	700	650	500	600-1,000 (추정)
비고	작전배치	작전배치	작전배치	작전배치	작전배치	개발 중

자료출처: 『2008 국방백서』

핵무기를 개발하는 나라는 예외 없이 가장 이상적인 운반수단으로 탄도미사일을 개발한다. 탄도미사일 개발과 핵무기 개발은 불가분의 관계가 있다. 북한은 <표 3-2>에 나타난 바와 같이 '70년대 초에

---

230) 위의 신문. 2009년 5월 25일.

231) 핵무기를 보유하고 있는 나라를 통틀어 이르는 말이며, 핵 확산 금지 조약(NPT)에서 인정하는 핵무기 보유국은 미국, 영국, 러시아, 프랑스, 중국 5개국이다. 그러나 인도와 파키스탄은 1974년과 1988년에 각각 실험까지 했고, 이스라엘 등도 비록 실험은 실시하지 않았으나 핵무기 보유국으로서 사실상 인식되어 있다. 2006년 4월 11일 이란이 자국을 핵 클럽 국가로 선언했으며, 2006년 10월 9일 조선민주주의인민공화국은 핵무기 실험을 성공적으로 수행했다고 발표함(한국어 위키백과).

232) 법적 측면에서는 핵 확산 금지 조약(NPT)의 핵보유 국가(nuclear weapon state) 지위를 얻는 것이 필요하다. CTBT(포괄핵실험금지조약)에 입각, 핵보유국의 핵실험은 전면 중단된 상황이다. 이번 실험으로 1998년 인도, 파키스탄의 핵실험 이래 8년 만에 핵실험이 재개된 것이다 (http://cafe.daum.net/parkaedan/CzzY/19174: 검색일 '09.7.21.).

중국으로부터 미사일 기술을 획득하여 지속적으로 성능을 개선 발전시켜 왔으며, 2006년 7월에 미국 서부를 타격할 수 있는 장거리 탄도미사일을 시험 발사한 데 이어 오키나와, 괌, 알래스카 등을 타격할 수 있는 새로운 중거리 미사일 시험을 준비하는 등 미사일 개발을 지속하고 있다.

또한 북한의 핵무기 보유도 심각한 문제지만 이를 둘러싼 주변 열강들의 각축이 한민족에게 엄청난 재앙을 가져올 수 있다는 점에서 대단히 우려되는 문제이다. 특히 북한이 보유한 각종 장거리미사일은 시간이 경과될수록 정밀도가 향상되고, 또한 조만간 핵 탑재도 가능할 것으로 예상되어 우려를 증폭시키고 있다.[233]

〈표 3-2〉 북한의 미사일 개발 경과

연 도	개발/생산 활동
70년대 초	중국의 미사일 개발계획 참여 미사일 기술 획득(추정)
1976~1981	소련제 SCUD-B 미사일 및 발사대를 이집트로부터 도입 역설계/개발
1984.4.	SCUD-B 미사일 최초 시험발사
1986.5.	SCUD-C 미사일 시험 발사
1988	SCUD-B/C 미사일 작전 배치
1990.5.	노동미사일 최초 시험발사
1991.6.	SCUD-C 미사일 발사
1993.5.	노동미사일 시험 발사.
1994.1.	대포동 미사일 최초 식별
1998	노동미사일 작전 배치
1998.8.	대포동 1호 미사일 시험발사(북한: 위성발사 주장)
2006.7.	대포동 2호 미사일 시험발사 및 노동, SCUD 미사일 발사(종류 미식별)
2007	중거리미사일(IRBM) 작전배치.

자료출처: 『2008 국방백서』

---

233) 장기표, 「북한 위기의 본질과 올바른 대북 정책」(서울: 신명사, 2007), p.287.

샤프(Walter Sharp) 주한미군 사령관은 미국 상원 인사청문회에서 "북한은 이미 800여 기의 미사일을 보유하고 있는데다 사거리와 파괴력, 정확도를 높일 수 있는 미사일 개발을 계속하고 있다."며, "한국은 현재 북한 미사일 공격에 고도로 취약하다."고 말했다. "따라서 한국은 가까운 시일 내에 핵심 민간 군사시설과 사회간접자본, 대중시설 등을 보호하기 위한 체계적인 미사일 방어대책을 개발해야한다."고 강조했다.[234]

지리적으로 일본과 한국은 북한 핵과 미사일 위협에 대하여 유사하게 노출되어 있고, 북한 핵과 미사일이 양국 국가방위의 1차적인 과제로 대두되고 있다.

다음으로 잠재적 주변 위협국이라고 하면 북한과 역사 · 외교적으로 밀착된 중국이라고 할 수 있다. 지구촌이 미국 중심의 단극체제라는 주장에 대하여 강하게 반대하며 이를 인정하지 못하는 나라는 중국이다. 장차 지구상에 새로운 하나의 극이 두 번째로 형성된다면 그것은 중국이라는 데에 이견이 없을 것이다. 중국은 매년 국방비를 증액하여[235] 해군, 공군 전력을 대대적으로 증강하고 있다. 후진타오 국가주석은 "해양대국으로 국가의 주권과 안전을 보위하고 해양권익을 보호하기 위해 강력한 해군을 건설해야 한다."고 역설하였다.[236] 2006년 중국국방백서에 따르면 중국 해군은 근해의 방어적 전략범위를 점차 확대하여 해상 종합작전능력과 핵 반격능력을 향상시킬 계

---

234) 「연합뉴스」. 2008년 4월 4일.

235) 중국은 2008년 3월 제11기 전인대(全人大)에서 2008년 국방비를 전년 대비 17.7% 증가한 572억 달러(4,178억 위엔)로 발표하였다. 이는 2007년 총예산의 7.2%에 해당하며 GDP 대비1.4%에 해당한다. 한편 미 국방부는 2008년 3월 발표한 '중국군사력평가보고서'에서 중국의 실제 국방비 규모를 970~1,390억 달러(중국 발표액의 3배)로 추정하고 있다(국방부 2008, 75).

236) 「중앙일보」. 2007년 3월 8일.

획이다. 특히 동중국해에서 일본과의 가스전분쟁과 한국과의 이어도 분쟁을 염두에 둔 듯 해상작전에서 반격능력을 강화해야 한다고 강조했다. 2015년까지 2개 내지 3개 항공모함 전투단으로 주변 해역에 대한 해상통제권을 확실히 확보한다는 계획까지 추진하고 있다. 중국은 20년 전부터 항모전투단을 보유하기로 국가정책을 수립하고 은밀히 준비해 온 것으로 알려졌다. 항모호위에 필수적인 핵추진 잠수함, 이지스급 함정과 탑재 항공기를 충분히 확보했으며 조종사 양성도 오래전에 완료하였다. 러시아제 수호이-33과 중국산 차세대 전투기 젠-10 등이 탑재된다.[237]

일본도 중국의 부상을 현실적 위협으로 인식하며 우려하고 있다. 2004년 11월 중국 원자력 잠수함이 국제법을 위반하고 일본 영해 내에서 잠수 항해를 한 바 있다. 다음 해 중국 해군 함정이 일본 주변 해역에서 해상훈련 및 정보수집 활동을 실시한 것으로 추정되었으며, 중국 정부 선박이 일본의 배타적 경제수역에서 해양조사 활동을 실시한 것으로 알려졌다. 또한 중국은 계약 광구 및 구조가 중국과 일본 동쪽 중간선까지 연결되어 있는 시라카바(白樺·중국명 춘샤오) 유전 등에서 조사·개발을 실시함과 동시에, 2005년 9월에는 이들 유전 부근을 해군 함정이 항해하였다.[238] 그리고 2006년 10월에는 일본 오키나와 근해 공해에서 중국의 쏭급(宋級) 잠수함이 미국 항공모함 키티호크 부근에서 부상한 바 있다. 미국 항공모함에 외국 잠수함이 접근했다는 것은 군사적으로 주목해야 할 현상이라고 판단된다.[239]

---

237) 국방부. 「2008 국방백서」(서울: 국방부, 2008). pp.16~17.
238) 2005년 9월 9일 해상자위대 초계기 P3C가 동중국해의 텐와이텐(天外天) 가스전 부근을 소브르메니급 구축함 1척 등 총 5척의 함정이 항해하여 그 일부(소브레메니급 구축함 1척 외 총 3척)가 텐와이텐 가스전 채굴 시설을 주회(周回)한 것을 확인함(연합뉴스 2005.9.10.).

2008년 10월 17일에는 중국 해군의 최신형 군함 4척이 일본 영해인 쓰가루(津輕) 해협을 처음으로 통과[240]하였는데 이에 대하여 일본은 최근 몇 년간 활동반경을 넓혀 온 중국 해군이 이제는 일본의 내해라고 할 수 있는 쓰가루 해협까지 진출한 데 대해 바싹 긴장하고 있다. 2007년 11월 미국 항공모함 키티호크(Kitty Hawk)의 홍콩정박을 불허하고 쏭급 잠수함을 급파, 대만해협을 통과 중인 키티호크와 대치했던 중국이 이번에 쓰가루 해협으로 군함을 통과시킨 것은 대양해군[241]을 위한 사전포석으로 풀이된다.[242]

중국은 동중국해 및 남중국해에서 석유 및 천연가스 채굴과 이를 위한 시설 건설과 탐사에 착수한 상태이며, 여기에는 중국과 일본의 동쪽 중간선까지 그 구조가 연결되어 있는 유전에서의 채굴시설 건설도 포함된다. 위에서 언급한 2005년 9월 중국 해군함정의 채굴시설 부근 항해는 중국 해군이 해양권익을 획득하고 유지 및 보호하는 능력을 과시하려는 의도가 있었던 것으로 추정된다.[243] 또한 중국의 경제활동이 점차 세계화됨에 따라 경제 활동의 생명선으로 간주되는 자국의 해상 수송로(SLOC)를 보호하는 것이다. 장기적으로 중국 해군

---

239) 군사적으로 중국은 이전에 비해 자신 있게 적극적인 태도를 취하게 되었다. 2007년 1월 대위성무기 실험 또는 2006년 10월 국제수역에서 키티호크 부근에 쏭급 디젤잠수함 부상(浮上)은 중국이 자신 있게 적극적인 태도를 취한 사례라는 견해가 있다(2007년 2월 1일 롤레스 부차관이 미·중 경제 및 안보 재검토 위원회에서 발언한 증언).

240) 프리깃함 054A 장카이(江凱) 2급 저우산(舟山)호, 장카이 급 프리깃함 마안산(馬鞍山)호, 현대 급 미사일 구축함 타이저우(泰州)호와 신형 보급함 1척으로 이뤄진 선단이며 북태평양에서 중국과 러시아의 합동 훈련에 참가했던 타이저우호, 마안산호가 저우산호 등과 합류한 것으로 관측함(한국일보 2008.10.23.).

241) 자국에 인접되지 않은 먼 바다의 사용과 관련된 이익을 가지고 있으며, 이를 주기적으로 초계하고 방해나 도전을 물리칠 수 있는 능력을 가진 해군(Ken Booth)으로, 세력은 최소한 소형항모와 이를 보호할 수 있는 구축함, 잠수함, 항공기. 기타 전력과 군수지원부대를 구비하고 약 한 달 정도 대양에서 지상보급 없이 단독 작전이 가능한 함대를 보유한 해군(강영호 2009, 102).

242) 「한국일보」, 2008년 10월 23일.

243) 국방정보본부. 「2007일본방위백서」(서울: 국방정보본부, 2007). p.86.

이 어디까지의 해상 수송로를 스스로 보호해야 할 대상으로 설정할지는 해당 시기의 국제정세 등에 따라 달라질 것이나, 최근 중국의 해군력 현대화를 고려할 경우 그 능력이 미치는 범위는 중국의 주변 해역을 초월하여 확대될 것으로 전망된다. 이와 같은 중국의 군사적 움직임에 따라 일본도 2008년 방위백서에 '중국 위협론'을 다시 제기하였다.244) 한·일 양국은 중국과 외교관계를 확대해 나가고 특히 경제적 교역국으로 중요한 상대이지만, 군사안보적 측면에서는 중국이 북한과 밀접한 동맹국이라는 현실을 직시해야 한다. 즉 한국과 일본은 중국과의 군사적 신뢰가 보장되기 전까지는 북한의 위협이 곧 중국의 위협이라고 인식해야 하고 여기에 대비를 해야 한다. 따라서 이지스구축함을 운용하는 한·일 양국이 이와 같은 심각한 잠재적 위협에 공동으로 대응하는 해법을 강구하는 것은 매우 의미 있는 군사협력으로 보인다.

4) 전략 해로(SLOC) 공동 보호

한국은 삼면이 바다에 접해 있으며 북방은 휴전선으로 차단되어 있어 사실상 일본과 같은 섬나라나 마찬가지이다. 그러므로 한국인들의 활로는 해양에 의존할 수밖에 없으며, 해상교통로의 안전 확보는 우리의 생명선이라고 할 수 있다. 또한 다양한 해양 이용의 영역과 범위 중 경제적 공헌도245)와 활동의 빈도 측면에서 볼 때에도, 물자

---

244) 일본이 중국의 관계에서 위협으로 인식하고 있는 것은 ① 중국-대만 간의 무력충돌로 인한 파급효과, ② 일본의 자원공급선인 남사군도 및 서사군도 지역에서의 긴장고조에 따른 해상수송로(SLOC) 확보문제, ③ 첨각열도(조어대)의 소유권을 둘러싼 분쟁, ④ 남중국해 및 남태평양에서 제해권 문제 등임(김형수 2004, 17).

245) 해양(특히, 해저지역)은 석유 및 천연가스 등 광물자원의 보고로 부각되고 있으며 과학기술의 발달은 해양 이용의 영역을 더욱 확대시키고 있다(http://k.daum.net/qna/openknowledge/view.html: 검색일 '09.7.13.).

수송로로서의 활용은 해양이용의 가장 두드러진 형태이다. 오늘날 해상무역은 국가와 국가, 지역과 지역의 경제적 상호의존성을 묶어 주는 연결고리가 되고 있으며, 선박은 국제무역에 있어서 주도적인 운반수단으로서 막대한 경제적 이익을 창출하고 있다. 해양이 물자 수송로로서 중요하게 이용되고 있는 만큼 경제발전과 성장을 해상무역에 크게 의존하고 있는 국가들에게 해양의 중요성은 더욱 증대한다. 특히 거대한 해양 영역을 포함하고 있으며, 대체적으로 무역의존도가 높은 한국의 경우 물자 수송로가 갖는 해양의 중요성은 아무리 강조해도 지나치지 않다.246)

일본은 해상을 통한 외국과의 무역으로 국가경제가 성장하고 오늘날의 번영을 구가(謳歌)하고 있기 때문에 만약, 해상수송로에 문제가 생긴다면 국력을 총동원하여 이에 대한 보호에 나설 것이다. 특히, 중국이 영유권을 주장하고 있는 남사군도가 위치한 남지나해가 지역분쟁에 휩쓸려 해상수송로 확보에 곤란이 따를 경우 일본은 무력을 사용하는 것을 서슴지 않을 것이다. 왜냐하면 남사군도가 있는 남지나해는 일본의 경제와 번영을 상징하는 일본의 화물선과 무역선들이 수시로 통과하는 해상수송로가 지나는 해역이기 때문이다. 따라서 만약, 중국이 생각하고 있는 것처럼 이 해역을 중국의 바다로 간주하고 향후 적절한 경제발전과 군사력 확충을 바탕으로 패권적 행동을 하려 든다면 큰 분쟁에 휩쓸릴 가능성이 크다.247)

따라서 이와 같이 해로는 국가의 존립과 생존에 영향을 미치며, 해

---

246) 2004년 기준 한국의 수출입 교역량 비교: 총교역량(단위: 천톤) 509,458(100%), 해운: 508,523(99.8%), 항공: 932(0.2%), 기타(육로 및 국제우편), 3.4(0%)로 해상해운이 절대적인 역할을 지속적으로 해 오고 있음(이서항 2006, 78).

247) 해군본부, 「사진으로 본 해군 50년사」, p.118.

상을 통한 무역 의존도가 높은 한·일 양국에게는 경제 성장과 발전을 위한 생명선과 같은 동맥(artery) 역할을 수행한다. 이처럼 해로가 포괄적 차원에서 국가생존 및 경제 발전과 관련하여 중요한 의미를 지니기 때문에 일부 학자들은 단순한 해상교통로라는 의미를 지닌 'Sea-Lanes'라는 용어보다는 안보·전략적 의미까지 시사하는 'Sea-Lines'라는 용어를 선호하고 있으며[248] 영어의 약어인 'SLOC'도 물자 수송과 관련된 해상교통로보다는 실질적으로 "전략적 교통로(Strategic Lines of Communication)를 의미한다."고 주장하고 있다.[249]

지난 1980년대 초 유엔 해양법협약 채택과 함께 해양문제가 본격적으로 지역 안보문제 관심사의 전면으로 부각된 이래 동아시아 해양안보정세는 아이러니컬하게도 불안정과 불확실성의 상황이 우세한 것으로 평가되고 있다.[250] 불안정과 불확실성이 우세한 상황에서 석유와 같은 중요한 전략물자와 수출·입 상품 등의 수송을 담당하는 선박의 항해, 그리고 이의 주요 교통로가 되는 해로의 안정과 안보를 위협하는 요인은 매우 다양하며 광범위하다. 위협요인을 대별하면 연안국의 관할권 강화, 도서 영유권 및 해역지배권 경쟁, 해적행위, 해양 테러리즘 등이다. 위협요인 중 해군 협력을 통하여 해결할 수 있는 해적행위와, 해양 테러리즘에 대하여 구체적으로 살펴보겠다.

---

248) 예를 들면, 호주의 저명한 해양안보문제 전문가이자 아·태 안보협력이사회(CSCAP)의 해양 협력 분과 위원회 공동 의장인 Sam Bateman 박사가 'Sea-Lines of Communication' 용어를 주장하는 대표적 학자이다(이서항 2006, 76).

249) Joseph R. Morgan, 1988, "Strategic Line of Communication; A Military View" *International Navigation: Rocks and Shoals Ahead?, 54*, Honolulu: The Law of the Sea Institute, University of Hawaii, 1988, p.54.

250) 전반적으로 동북아 국가들의 해군력 증강은 가상적국 또는 경쟁국을 염두에 둔 전통적 의미에서의 해양 전투 임무(traditional littoral warfare missions)에서 출발하고 있는 반면 동남아 국가들은 일부 예외적 경우가 있으나 주로 EEZ 보호 및 무기, 마약 밀매를 포함한 해상에서 거래되는 불법행위 - 이른바 치명적 물품이전(deadly transfers)을 방지하기 위한 대응으로서 해군력 증강이 비롯되는 것으로 평가되고 있다 (Anthony Bergin 2002, 121~131).

먼저 해적행위(piracy)는 최근 해양에서 부각되기 시작한 비전통적 안보위협 요인의 대표적 사례로서 해상교역 및 선박의 항해에 직접적인 영향을 주고 있다.251) 최근 집계된 통계에 의하면 해적행위는 전 세계적으로 1995년부터 급히 증가하여 2000년 이후에는 평균 350건 이상의 발생 건수를 보이는 가운데 동아시아 지역은 세계 전체 발생 건수의 약 60% 이상을 차지하고 있다(ICC-IBM 1998. 2.). 동아시아 지역 중 특히 말라카 해협, 남중국해, 인도네시아군도 수역 및 필리핀 근해 지역은 해적행위 다발지역으로서 '고위험지대(high-risk zones)'로 꼽히고 있다.252) 한국도 2007년 4월 참치 잡이 어선 동원 628호가 소말리아 해적들에게 납치되었다가 117일 만에 풀려남으로써 해적문제가 국민적 관심사가 되기도 하였으며, 한·일 양국은 페르시아 만에서 말라카 해협을 경유한 SLOC를 이용해야 하기 때문에 해적문제가 양국의 공동 관심사임이 자명하다.

다음은 해양 테러 문제로, 2000년 10월 예멘 아덴 항구에 정박 중인 미국 군함 콜(Cole)호에 폭발물을 적재한 소형선박이 충돌하여 38명의 사상자를 낸 사건253)과 2002년 10월 예멘 동녘 해안에서 프랑스 대형 유조선 랭부르(Limburg)호에 대한 소형 선박의 충돌공격 등은 정치적 목적을 띤 해양테러의 대표적인 사례이다. 특히 9·11테러 사태 이후에는 알카에다에 의한 말라카 해협 등 주요 국제해협에서의 대

---

251) 이서항. "한국의 해로와 해로안보", 『학술총서』 37호, 2006. 한국해양전략연구소. p.95.

252) 동아시아 지역(특히 동남아) 해적행위의 자세한 배경에 대해서는 Derek Johnson and Mark Valencia, eds., 2005, Piracy in Southeast Asia, Status, Issues, and Response, Singapore: ISEAS. 참조

253) 당시 콜(Cole)함은 실전 배치된 지 4년밖에 안 된 미 해군의 최신예 8000톤급 이지스구축함으로 반경 500km 이내의 항공기나 선박 등 900여 개의 목표물을 동시에 탐지·추적하는 '천리안'을 가졌다는 첨단함정이 원시적인 보트의 자살 공격에 당함. 그 뒤 미 해군은 가까운 거리에서 적이 공격할 때 막을 수 있는 기관총 및 기관포의 숫자와 종류를 늘려 함정에 장착했음(http://www.munhwa.com/news/view.html: 검색일 '09.8.20.).

형유조선 공격가능성 등 위협이 증대되고 있어, 해양 테러리즘은 해로안보와 관련한 최대의 관심사로 부각되고 있다.[254] 해양에서 발생하는 테러 행위들이 선박의 안전과 해로안보에 치명적인 영향을 미치는 것은 당연하며 실제로 해양 테러리즘은 최근 미국을 비롯한 서방국가들의 가장 높은 관심사가 되어 왔다. 특히 9·11테러 사건 이후 국제사회는 해양 테러리즘의 치명성이 높기 때문에 발생 빈도가 높으면서 폭력을 수반하는 다른 국제 해상 범죄, 특히 해적행위와의 상관성 여부에 특별한 관심을 기울이고 있다.[255]

사실 냉전기 해로안전에 대해서는 미국이 소련이라는 적으로 인하여 무상으로 제공하였다. 그러나 미국은 이제 서서히 이런 부담에서 벗어나려는 모습을 보이고 있다. 그 결과, 미국이 지켜 주었던 해로의 안전은 이제 주변국이 협력해서 해결해야만 하는 상황이 도래하고 있다.[256] 따라서 한·일 양국은 원유를 포함한 물자수송의 주요 통로가 되면서 국가존립의 생명선 구실을 수행하는 해로를 안전하게 확보하기 위해서는 <그림 3-1>에서 보는 바와 같이, 곳곳에 잠재된 해로안보 위협요인들을 제거시키거나 감소시키는 대책강구가 요망된다. 따라서 한·일 양국 간 혹은 주변국가 간 다양한 협력을 통하여 이들 위협요인을 지혜롭게 제거해야 한다.[257]

---

254) 이서항. "한국의 해로와 해로안보", p.99.

255) 대체로 미국 등 서방국가들은 동아시아 지역에서 해적행위가 해양 테러리즘과 상호 연관될 수 있는 가능성이 높다고 보고 있는 반면, 이슬람 국가인 말레이시아 및 인도네시아 등은 해적행위와 해양 테러리즘은 별개로서 연관성이 거의 없다는 시각을 보이고 있다. 해적행위와 해양 테러리즘의 유사성 및 차이 등에 대한 설명은 Mark Valencia, "Piracy and Terrorism in Southeast Asia Similarities, Difference, and Their Implications", in Johson and Valencia, eds., Piracy in Southeast Asia, pp.77-102. 참조.

256) 이홍표. "일본의 해양 전략과 21세기 동북아안보", 「학술총서」 22호. 한국해양 전략연구소, 2002. p.34.

257) 일본의 해양안보문제 전문가 가와무라 수미히코 전 해자대 제독은 1995년 6월 말레이시아 쿠알라룸푸르에서 열린 아태안보협력이사회(CSCAP) 해양협력 분과 작업반 회의에서 동아시아 지역의 해로안보를 위해 이 지역을 ① 동북태평양(Northeast Pacific), ② 아세안 지역(ASEAN area), ③ 남태평양(South

5) 해양환경 보호

금도 생생하게 기억하고 그 여파가 진행되고 있는 태안 앞바다 원유유출사고[258]를 통하여, 해상오염사고가 얼마나 심각한 영향을 미치는지를 충분히 인식하였다. 해양은 지구 전체 면적의 71%를 차지하고 있으며, 총 30여만 종의 생물이 살고 있어 지구 전체 생명체의 80%를 차지하는 등 지구상의 모든 생명을 유지하는 데 중요한 역할을 하고 있다.[259]

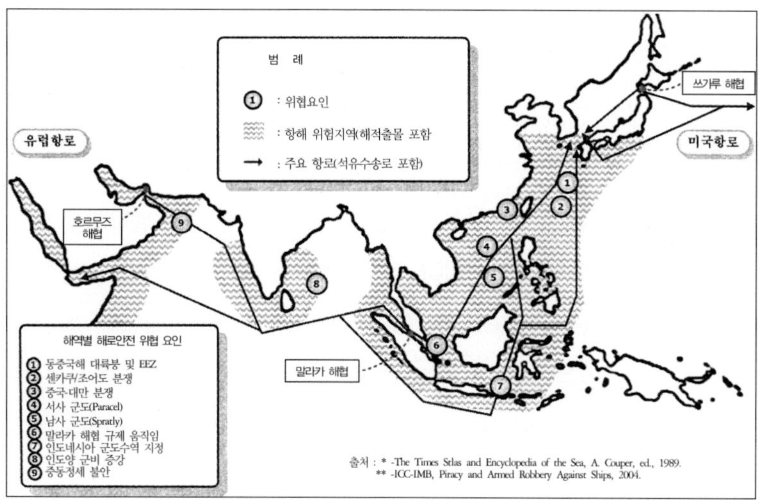

자료출처: 『한국의 해로와 해로안보』

〈그림 3-1〉 한반도 주변 해로 위협요소

Pacific)으로 구분한 뒤 미국이 전략적으로 중심이 되고 한국을 포함한 지역 국가들은 각 지역의 해로안보를 담당하는 방안을 제시하였음(이서항 2006, 105).

258) 2007년 12월 충청남도 태안군 만리포 북서쪽 10㎞ 해상에서 해상크레인이 유조선과 충돌하여 원유 1만 2547㎘가 유출된 사건으로 서해안기름유출사건이라고도 한다. 한국해상의 기름유출 사고 가운데 최대 규모로 알려진 시프린스호 사건보다 2.5배나 많을 뿐만 아니라, 1997년 이후 10년 동안 발생한 3915건의 사고로 바다에 유출된 기름을 합친 1만 234㎘보다 훨씬 많다. 사고로 인하여 피해를 입은 태안·서산·보령·서천·홍성·당진군 등 6개 군 해수욕장·어장·양식장시설 보상을 위하여 특별재난지역으로 선포한 바 있음(위키 백과사전).

259) 두현경. "해양환경보호를 위한 동북아 협력에 관한 연구", 서울시립대 석사학위논문, 2005. p.1.

지구표면을 덮은 해양의 크기와 물의 양은 방대한 것으로 지구상 바다의 평균 수심은 약 4,000m나 된다. 그러면 지구상의 모든 육지를 바다에 메운다면 바다의 깊이는 어떻게 될까? 그래도 바다의 수심은 2,500m나 되며 지구상에 있는 물의 약 98%가 해양에 있다. 그렇기 때문에 해양은 지구환경에서 생태계에 결정적 구실을 하고 있다. 그런데 생태계 중 인간의 삶에 가장 중요한 바다는 급속히 오염되어 가고 있다.

한국은 해양국가라 불러도 모자람이 없는 3면이 바다이다. 동·서·남해 3면이 바다로 둘러싸여 있고 개발이 가능한 해역이 육지면적의 3배가 넘는 등 해양입국을 위한 천혜의 조건을 갖춘 한국의 바다가 크게 오염되어 중병을 앓고 있다. 한국의 동·서·남해는 난류와 한류가 교차하는 지점인데다 대륙붕이 잘 발달됨으로써 해저자원의 보고(寶庫)이기도 하다. 그러나 지난 40년간에 걸친 경제성장과정에서 비롯된 환경오염이 심각해지고 있다. 60년대 경남 울산과 울산공단 주변에서 등이 굽은 물고기가 죽어 떠오르기도 했고 '80년대 들어서는 이 일대 주민들이 공업 선진국병으로 불리는 이른바 이타이이타이(Itai‒Itai)[260]병과 미나마타(Minamata)[261]병의 징후를 보였다. 앞으로 임해지역의 산업화와 도시화가 계속됨에 따라 해양오염이 더욱 심화될 것이며 연근해 어업에도 큰 영향을 끼치게 될 것이다. 지금까지 우리의 경험에 따르면 해양오염[262]에 의한 환경변화는 진행이 매

---

260) 1955년 학회에 처음 보고되었으며, 1968년 일본 정부에서 '카드뮴에 의해 뼈 속 칼슘분이 녹아서 생긴 위장장애와 골연화증'이라고 발표했고, 그해 공해로 인정하였음. 한국에서는 2006년 4월에 경남 고성군 병산마을에서 이타이이타이병으로 의심되는 환자가 집단 발생함(위키백과사전).

261) 1953년부터 1959년에 걸쳐 일본 규슈(九州) 미나마타(水保)라는 어촌에서 발생한 괴질로 인체 내에 수은이 농축되어 사지가 마비되며 통증과 오한, 두통, 시각장애, 언어장애 증상 등이 동반된 병. 문제가 되었던 메틸수은은 인근의 화학공장에서 바다에 방류한 것으로 밝혀졌고, 2001년까지 공식적으로 2,265명의 환자가 확인되었다. 1964년에는 니가타 현에서도 대규모 수은중독이 확인되었음(위키백과사전).

262) 해양환경에 유입된 물질이나 에너지가 생물자원·인체건강·수산업 등의 활동에 해로운 영향을 미치고

우 느려 그 영향이 인지되었을 때는 이미 회복이 불가능했을 경우가 많았다. 따라서 국가는 종합적인 해양환경 보전대책이 마련되어야 할 것이고, 국민 개개인도 해양오염에 대한 인식을 새로이 하여, 깨끗한 바다를 우리 스스로 지켜 나가야 한다는 자각이 절실히 요구된다. 한국의 근대화와 과학의 발전 및 급속한 경제개발은 주변 해양을 심하게 오염시키고 있는데 선진유럽에서는 해양 생태계의 보호와 복원을 위하여 이미 간척지로 조성된 곳을 원래의 갯벌로 복원하고 있지만, 우리의 사정은 아직까지도 정반대로 진행되고 있다.

국가를 보위하고 국민의 재산과 생명을 지키는 국군의 평시 임무는 해양환경 오염과 같은 재해·재난으로부터의 보호가 중요한 영역이다.[263] 일본도 1995년 신방위계획 대강을 수립한 배경을 미·소 중심의 동서 간 냉전구조가 소멸되는 등 새로운 국제정세 변화에 대응하고 대규모 재해·재난 등에 효과적으로 대응할 수 있는 역할에 초점을 둔다고 하였다. 따라서 전시가 아닌 평시에는 무엇보다도 국민과 국가를 위한 중요한 임무 중의 하나가 재난의 예방과 처치라고 할 수 있다. 앞에서 언급한 바와 같이 환경파괴의 영역이 확대되어 가고 있기 때문에 앞으로는 바다오염 문제를 바다를 공유하고 있는 인접 국가와 공동으로 대처하는 방향으로 발전시켜야 한다. 황허 강과 중국 동해안의 오염이 한국에 영향을 미치게 되고 낙동강과 부산 앞바다의 오염이 일본에 영향을 미칠 수 있다. 만약 2007년 말 태안 앞바다 유류유출사고가 부산과 일본 사이에서 발생했다면 그 결과는 한

해수 본래의 성질이나 해양환경의 쾌적도를 해치는 경우를 의미한다. 원인으로는 유지로부터의 오염물, 대기에 부유하는 먼지의 낙하, 유조선 및 선박의 사고에 의한 방출 등으로 다양하다(국방대 2005, 201).

263) 국방정보본부. 「2008일본방위백서」. p.213.

국뿐만 아니라 일본도 심각한 피해를 입게 되었을 것이고, 결국 국제 적 피해보상 문제를 포함하여 복잡한 양상으로 전개되었을 것이다. 이러한 관점에서 한·일 양국 해군이 평상시 해양환경 보호를 위한 협조체제를 유지하여 해양오염을 예방 혹은 최소화한다는 것은 매우 의미 있는 군사협력이라고 생각된다.

6) 첨단무기체계의 기술 교류

현대전은 최첨단 기술을 바탕으로 한 신속성 및 정확성이 승패를 결정짓는다. 이라크 전쟁에서 증명되었듯이 미국이 중심이 된 연합군 의 최첨단 무기는 이라크의 주요 전략표적을 초전(初戰)에 무력화시 켰다. 미래의 전쟁은 최첨단 기술에 의한 무기체계를 운용하지 않으 면, 전쟁에서의 패배는 당연하다는 것을 보여 준 것이다. 그런데 이라 크전쟁에서 위력을 발휘했던 미국의 첨단무기체계인 스텔스폭격기 나 토마호크미사일 등이 일본의 기술협력 없이는 그 탁월한 기능을 발휘할 수 없었다는 점을 상기할 필요가 있다. 이것은 일본의 군사기 술이 어느 정도의 수준에 있는가를 짐작게 하는 것이다. 2차 세계대 전이 끝난 후 군대가 해체되었던 일본은 한국전쟁을 기화(奇貨)로 경 찰 예비대가 다시 조직되고, 이것이 자위대로 발전하여 외형상 소규 모의 병력을 유지하고 있지만 군사기술 측면에서는 세계 최강임을 증명하고 있다.264)

일본의 첨단기술산업 중에서 조선산업은 이미 2차 대전 이전부터 세계 일류의 수준이었다. 일본의 전함·항공모함·잠수함의 전투능

---

264) 이한규, "일본의 첨단 군사력과 기술력", 한국전략문제연구소, 2001, pp.12~15.

력은 2차 대전 이후에도 그 탁월함을 인정받았다. 1970년대 초 나카소네(中曾根) 수상의 1,000해리 방어 선언과 함께 원해항해능력 확보와 기동성 확보에 주력하고 있으며, 민간 조선산업에서 이전된 뛰어난 첨단기술이 함정건조에 총동원되고 있다.

일본은 자국의 해군력 유지를 위한 모든 함정을 자체 생산하여 공급하고 있다. 민간 조선산업 시장에서도 일본의 조선기술은 세계 정상급이라는 정평이 나 있으며, 거의 대부분의 함정이 디젤엔진으로 움직이는바 디젤엔진 기술도 세계 일류이다. 최첨단 이지스함도 일본은 오래전에 건조하여 운영하고 있다. 현재 이 전투함은 한국과 마찬가지로 선체는 일본 국내에서 건조하고 있고, 이지스 시스템은 일본이 필요상 들여오고 있는 것이지 개발능력이 없어서 수입하는 것은 아니라고, 일본 방위청 관계자는 일본의 군사기술 수준을 자랑한다. 항공모함도 건조할 능력이 있지만 군사대국이 될 야망을 가졌다는 국내외의 여론 때문에 만들지 못하고 있을 따름이다.[265]

일본 해상자위대는 심해잠수훈련장치를 이용하여 수심 450m까지 내려가 활동할 수 있는 기록을 세웠다고 발표했다. 이 기록은 독일, 프랑스와 함께 세계 최고 수준이라는 평가를 얻고 있다. 이로써 일본의 잠수함 활동능력이 어느 정도인가를 짐작게 한다. 일본이 현재 집중적으로 개발에 몰두하고 있는 부분은 어떻게 하면 잠수함 엔진의 소음을 작게 하느냐 하는 것이다. 적의 추적을 피하는 데 있어 엔진의 소음을 제거하는 일은 생존의 문제가 걸린 만큼 중요한 일이다.[266]

대륙간탄도유도탄과 중거리미사일 역시 정확도가 생명인데 이 정

---

265) 김경민. "한·일 군사협력: 군사 기술 교류 시급하다", 「한국논단 57호」, 1994. p.37.
266) 위의 글. p.41.

확도는 내장된 컴퓨터의 성능이 어느 정도 우수한가에 의해 좌우된다. 미국과 구소련의 대륙간탄도탄은 비상시에 우선적으로 공격할 목표가 정해져 있다. 핵전쟁이 발발할 경우 구소련은 미국 캘리포니아 주 Vandenberg 공군기지에 설치되어 있는 대륙간탄도탄 기지를 우선적으로 공격하게 되어 있다. 이 기지의 미사일 발사대는 50미터 내지 60미터 두께의 콘크리트 벽에 둘러싸어 지하 깊숙이 건설되어 있다. 이 기지는 강력한 지진에도 견딜 수 있게 설계되어 있는데 유일한 취약점은 수소 폭탄에 직격당했을 경우이다.[267] 그러나 소련의 미사일은 정확도에서 60m의 오차를 보이고 있고, 미국의 미사일은 보다 우수하여 15m의 오차를 갖고 있는데, 이것도 일본이 생산하고 있는 차세대 반도체 칩이 기여한 바가 크다. 이라크 전쟁에서 놀라운 정확성으로 위력을 발휘했던 미국의 토마호크 미사일도 내장된 반도체 칩은 세라믹으로 처리된 일본제이다. 전투기에서 군함에 이르기까지 미국 병기의 전자기기용 반도체 세라믹 패키지의 95%를 일본의 교세라 회사를 포함한 일본 기업들로부터 수입하고 있다. 반도체 제조 기술 분야는 미국이 일본에 5년 이상 뒤져 있다고 평가한다. 반도체 기술은 전자장치의 핵심부분이라는 것을 평가할 때, 범용기술로서의 일본의 반도체 기술은 가공할 군사능력의 기반이 되고 있다. 또한 세계 정상급의 전투기를 생산하기 위해서는 일본에서 생산되는 탄소섬유 수지와 세라믹이 없으면 곤란하다. 탄소섬유수지는 알루미늄보다 가볍고 철보다 강해서 고도의 기동성과 전략성이 요구되는 전투기 생산에 없어서는 안 될 소재이다.[268]

---

267) 이한규. "일본의 첨단 군사력과 기술력", p.18.
268) 김경민. "한 · 일 군사협력: 군사 기술 교류 시급하다", p.40.

미국과 공동개발 중인 해상방어형 스탠다드(standard)미사일[269]도 탄두부분은 습도에 약하기 때문에 세라믹 기술이 뛰어난 일본이 맡고 있다. 일본의 군사능력은 전후 60여 년간 민간부분에 잠재워 놓고 겉으로는 연약한 자위대밖에 없다고 말해 왔지만, 이제 격동의 변화에 발맞추어 숨은 실력을 드러내기 시작하고 있는 것이다.[270] 일본의 민간기술 수준이 거의 모든 산업 분야에서 세계 정상급임을 인정받고 있다. 민간기술에서 끊임없이 제공되는 첨단기술은 군사부분에 원용되어 가공할 군사력의 원동력이 되고 있다.

한국도 자주국방의 기치 아래 1970년대부터 무기체계 현대화를 위한 중장기 계획을 수립하여 적극적으로 추진해 왔다. 한국 해군의 경우 각종 함정을 국내 조선소에서 건조하기 시작했고 대잠헬기와 해상초계기(P-3C) 그리고 수중 전력에 이르기까지 최근에는 독도함과 KDX-Ⅲ(세종대왕급) 이지스함을 확보함으로써 항공, 수상, 수중 입체적 첨단 전투력을 구비하게 되었으며 첨단 전력을 운용 유지하기 위한 고도의 기술이 절실히 요구되고 있는 실정이다.

현재 이지스구축함을 운용하고 있는 미국과 일본은 척당 운용유지비가 연간 300억 정도로 재정적 부담을 느끼는 것이 현실이다.[271] 그런데 이와 같은 첨단 무기체계의 정비·운용 기술을 제대로 습득하지 못하고 제작회사에 전적으로 위탁하는 정비를 한다면 정비비용이

---

269) 스탠더드 미사일(RIM-66 Standard MR)은 이지스함에서 사용하는 주력대공 미사일로 미사일방어에 사용된다. 이 미사일은 또한 대함용으로 사용할 수 있다. 세미액티브(semi-active) 유도모드를 사용해서 수평선(line-of-sight) 거리상의 목표물을 공격하거나, 내부 관성항법장치(INS)와 종말적외선 유도기능을 이용한 수평선 너머의 목표물을 공격할 수 있다. 버전은 Block Ⅱ, Block Ⅲ, Block ⅢA, Block ⅢB로 구분(김민석 외 2008, 122~126).

270) http://cafe.daum.net/hanryulove/KTsc/8704: 검색일 '09.6.17.

271) http://blog.daum.net/ysj8180/9314253: 검색일 '09.6.9.

더욱 늘어날 것이고, 막대한 운영비 문제는 결국 국가안보를 위한 적
정 군사력 유지에 걸림돌이 될 것이다.

민간과 군사 공히 세계정상의 최첨단 기술을 보유하고 있는 일본
과 적극적인 기술교류를 추진하는 것은 한국의 입장에서 의미가 있
다고 생각된다. 기술협력을 통하여 한국 해군이 얻을 것이 더 많으며,
특히 시급한 분야가 첨단전력 운용에 필요한 정비와 운용기술이다.
특히 한국 해군이 기술협력을 더욱 적극적으로 추진해야 하는 이유
가 여기에 있다.

나. 협력의 장애 요인

1) 과거사 인식[272]

한 · 일 양국은 1592년 도요토미(豊臣秀吉)의 한반도 침입 이래 400
여 년이라는 긴 세월 동안 수많은 영욕과 갈등이 얽히고설킨 '가까우
면서 먼 나라'로 지내 왔다. 한쪽은 가해자, 다른 쪽은 피해자라는 씻
을 수 없는 과거사를 가지고 있음에도 불구하고 지난 반세기 이상 급
변하는 세계정세 속에서 경제, 문화 등 여러 분야에서 미래지향적으
로 협력해 온 것이 사실이다.

그러나 과거사 문제는 1964년 한 · 일 기본조약과 청구권협정[273]으

---

272) 제3장 2절의 '국민인식의 역사적 배경' 성격상 일부 중복되는 부분이 있지만 과거사는 저해요인의 핵심
요소이기 때문에 중복을 최소화하였음.

273) 재산 및 청구권에 관한 문제해결과 경제협력에 관한 협정 제2조. '양국과 그 국민의 재산, 권리 및 이익
과 청구권에 관한 문제가 완전히 그리고 최종적으로 해결된 것을 확인함. 이는 1962년 11월 12일 김종
필 특사와 오히라 마사요시(大平正芳) 일본 외상과 비밀 회담에서 확인된 이른바 '김 · 오히라' 메모를
근거로 1964년 6월 22일 '한일기본조약'과 함께 '재산과 청구권에 관한 문제 해결과 경제협력에 관한
협정'이 공식적으로 조인됨(브래태니커, 대일청구문제).

로 모두 일단락되었다는 일본의 견해와 '올바른 역사인식과 진심에서 우러나는 사과와 반성'으로 맞서는 우리의 입장이 평행선을 달려왔다고 해도 과언이 아니었다.[274] 이는 양국 간의 과거사에 대한 인식의 차이에서 비롯된다고 할 수 있다. 즉 전후 60여 년 동안 일본 정치가들의 과거사 인식은 ① 일본이 근대 이후 자행한 전쟁은 침략전쟁이 아니라 어쩔 수 없었던 자위전쟁이다. ② 일본만을 나쁘다고 비난하는 것은 이해할 수 없다. 그렇다면 미국이나 유럽 국가들도 침략국(제국주의 팽창)이다. 한국에도 책임이 있다. ③ 한국 병합은 양국 합의하에 합법적으로 이루어졌고 국제적으로 칭찬받을 일이며, 식민 기간 동안 일본은 좋은 일도 했다. ④ 중국 남경대학살[275]은 사실이 아닌 날조다. ⑤ 종군위안부[276]는 민간업자와 사적인 계약을 맺고 이루어진 상행위(商行爲)이며, 공창(公娼)이기 때문에 강제연행은 있을 수 없다는 것들이다.

더욱이 일본에서는 태평양전쟁을 긍정한 만화 '전쟁론'[277](1998년)

---

274) 2008년 한·일공동여론(조선일보사, 마이니치) 조사결과(2008.12.20.).

275) 난징대학살은 1937년 12월~1938년 1월 당시 중국의 수도 난징과 그 주변에서 일본의 중지(中支)파견군 사령관 '마쓰이 이와네' 휘하의 일본군이 자행한 중국인 포로·일반시민 대학살 사건이다. 일본군은 난징으로 진격하던 중 약 30만 명을 살해했고, 난징점령 뒤에 약 4만 2,000명을 살해했으며, 아녀자 수천 명을 무차별 강간 살해함. 지금까지 일본은 이를 부인하고 수많은 중국인들은 일본이 당시의 만행에 대해 잘못을 인정하지 않고 있다고 주장함(브래태니커, 중국역사).

276) 위안부의 대부분은 일본인과 조선인이었으며, 중국인과 대만인도 희생되었음. 그 밖에 필리핀, 타이, 베트남, 말레이시아, 인도네시아 등 일본이 점령한 국가 출신의 여성도 일본군에게 희생됨. 생존한 사람들은 하루에 30번 이상 성행위를 강요당했다고 증언하였고, '일본군 위안부' 피해국 중 유일한 유럽 국가인 네덜란드의 안 할머니는 KBS 다큐멘터리 〈KBS스페셜〉과의 인터뷰에서 일본군의 성폭력을 피해 달아났지만, 다시 잡혀 왔다는 증언을 한 바 있음. 일본군 위안부 총인원은 정확한 자료가 발견되지 않았으나 쥬오대 요시아키 교수의 계산법에 의하면 약 20만 명으로 추정됨(위키백과, 일본군 위안부).

277) '고바야시 요시노리'의 〈전쟁론〉은 만화라는 형식으로 좌충우돌식의 자극적인 문구를 거침없이 뱉어내어 젊은 층으로부터 폭발적인 인기를 얻고 있다. 〈전쟁론〉에서는 '태평양전쟁' 구미 침탈로부터 아시아를 지키는 성전, '정신대는 상행위였다', '난징사건은 조작이다', '대동아전쟁은 아시아 민족을 해방시킨 전쟁이다'는 망언을 늘어놓았다. 그런데 이 만화의 폭발력은 대단해서 그가 던진 '대동아전쟁 긍정사관' 등이 1998년 10월 30일 TV 논쟁으로 발전하였다
(http://www.east-asia.or.kr/databank/data7_view.asp?ja_idx=9: 검색일 '09.6.25.).

이나, "역사는 어디까지나 국민의 시각에서 국민의 긍지를 키우기 위해 쓰여야 하며 역사의 필연으로 일어난 과거사에 대해 죄의식을 가질 필요도 사죄할 필요도 없다."는 니시오 간지(西尾幹二)의 '국민의 역사'(産經新聞社, 1999)가 선풍적인 인기를 얻으면서, 일본판 '역사 바로 세우기'(自由主義史觀)가 일본에서 대대적인 국민운동으로 전개된 바가 있다. 또한 히노마루(日の丸)와 기미가요(君が代)를 국가·국기로 법제화[278]하고 야스쿠니(靖國)신사의 공영화를 시도하며, 헌법조사회[279]가 활동하는 것 등은 미래 한·일 관계의 앞날이 결코 밝지만은 않음을 보여 주는 것이다.

지난 1995년 11월 17일 서울에서 김영삼 대통령과 중국 강택민 국가주석과의 한·중 정상회담을 마친 후에 김 대통령은 일본 정치가의 역사인식이 주요의제의 하나였음을 설명한 뒤 "일본의 망언은 건국 이래 30회나 있었으며 이번에야말로 일본의 버르장머리를 반드시 고쳐놓겠다."고 말할 정도였다. 또 그해는 독도를 둘러싼 영토분쟁, 한국과 충분한 협의도 없이 단행된 일본의 대북 쌀 지원, 에토(江藤隆) 총무청 장관의 "식민지시대에 일본이 좋은 일도 했다."는 망언 등이 겹쳐 반일(反日)감정이 최고도에 달해 한·일 관계가 급랭했던 때였

---

278) 일본의 국기는 '히노마루(日の丸)', 국가는 '기미가요(君が代)'이다. 히노마루와 기미가요가 법률에 의해 일본의 국기·국가로 공식 제정된 것은 1999년으로 아주 최근의 일이다. 그동안 법적 근거 없이 실질적인 군기, 국가 역할을 해 왔다. 이들은 본래 국기와 국가로 만들어진 것이 아니었으나, 국민국가체제가 형성, 전개되면서 그러한 역할을 하게 되었다. 히노마루와 기미가요를 국기·국가로 법제화하려는 움직임은 전부터 있었지만 이에 반대하는 입장도 강해서 중대한 정치적 쟁점이 되었다(http://cafe.daum.net/inamhs2315: 검색일 '09.6.25.).

279) 지난 2000년 2월 17일 일본국헌법에 의해서 광범위하고 종합적인 조사를 수행하기 위하여 중의원 또는 참의원 양 의원에 그 위원은 50명(참의원 45명)으로 구성됨. 1947년 현행 일본헌법 시행 후 거듭되는 개헌과 호헌의 공방이 일어났지만 국회 주도의 헌법개정논의는 없었다. 따라서 헌법조사회가 설치됨으로써 헌법 9조 평화헌법개정 등 보통국가화 행보가 가속화될 것으로 전망됨(http://blog.daum.net/obnekdlvmgiar: 검색일 '09.6.23.).

다. 이에 맞서 일본은 김영삼 정부 말기에 한·일 어업협정을 일방적
으로 파기하는 등 양국 관계를 파국으로 끌고 가고 말았다.

2) 독도 영유권과 어업협정

일본 외무성의 외교청서(外交靑書)280)에서는 독도를 일본 고유의
영토로 규정하고 독도 영유권 문제가 존재하고 있음을 분명히 하고
있으며 2005년부터는 매년 발간되는 방위백서에 독도를 일본 고유의
영토로 기술하고 있다.281) 한편 독도에 호적을 옮긴 일본인이 있는가
하면 일본 정부가 이들에게 과세까지 하고 있다는 사실은 양국 간에
독도문제 해결이 결코 간단하지 않음을 보여 주는 예이다.

이에 맞서 우리 국민들도 독도로 호적을 옮기는 운동이 일어나고
독도향우회가 조직되었으며, 인터넷상에서 독도를 지키는 캠페인이
전개되어 울릉군 의회는 행정구역을 울릉도 도동 1번지에서 울릉도
독도리 1번지로 변경하는 등 일본의 움직임에 대응하고 있다. 그러나
한 가지 특이한 점은 일본은 중앙정부, 집권당, 지방자치단체, 지역주
민 모두가 하나가 되어서 독도 영유권 주장을 하고 있는 데 반해, 한
국은 2003년 노무현 정권 시 한때 정부 차원의 활동이 일부 추진되긴
하였으나, 전체적으로 볼 때 일반 국민들과 몇몇 민족단체 중심으로
독도사랑이 활발하게 진행되고 정부는 대단히 애매모호한 태도로 일
관해 온 것이 일본과 비교되는 부분이다.

---

280) 일본 외무성이 내고 있는 외교근황백서를 말하는데, 파란 표지를 쓰고 있어 청서라 불린다. 1년마다 일
    본 외교의 당면문제(예컨대 독도를 자기네 영토라고 주장하는 등)에 대해 그 특징과 처리과정을 서술함
    으로써 외교문제의 실태를 분명히 하고 외교를 적극적으로 추진하기 위해 국민의 관심과 이해를 높이는
    자료로 삼고 있다(http://k.daum.net/qna/openknowledge/view.html?category_id: 검색일 '09.6.25.).

281) 「국방일보」, 2009년 7월 20일.

지금까지 대한민국 정부 수립 이후 일본과는 여러 차례 독도 영유권 시비가 있었다. 이승만 초대 대통령의 1952년 평화선[282] 선언을 계기로 독도의 영유권 문제가 한·일 간의 외교 분쟁으로 비화된 것[283]을 시작으로 1970년대에는 해양자원에 대한 관심이 높아지면서 크고 작은 마찰이 있었고, 1990년대 배타적 경제수역(EEZ)[284] 설정 당시 기점설정을 둘러싸고 또다시 독도 영유권 주장이 제기되었다.

한편 일본 방위성 당국도 1990년대 초까지는 '독도문제'에 대해 언급하는 것조차 금기시하였다. 일본 항공자위대가 자국 영공에 들어오는 국적불명의 비행기에 대해 실시하는 스크램블 오더[285]의 경우에도 한국이 사실상 독도를 '실효지배'하고 있기 때문에 독도 주변은 제외시켰다.[286]

그러나 1996년부터 독도문제에 대한 일본의 입장이 180도 돌변하였다. 즉 1996년 2월 20일 배타적 경제수역 안에 독도를 정식으로 편입시킨 후, 집권 자민당의 선거공약으로, 1997년에는 일본 외교지침의 하나로, 나아가 1998년 1월 23일에는 한·일 어업협정을 일방적으로 파기하였다. 그리고 2000년부터 외교청서(外交靑書)에 일본의 고유

---

282) 1952년 1월 18일 이승만 대통령이 대통령령 '대한민국 인접해양의 주권에 대한 대통령의 선언'을 공포함으로써 설정된 한국과 주변국가 간의 수역 구분과 자원 및 주권 보호를 위한 경계선이다. 이는 오늘날 배타적 경제 수역과 비슷한 개념이며 이 경계선은 독도를 대한민국 영토로 포함하고 있다(위키백과, 한국의 역사).

283) 평화선 안에 독도를 포함시키면서 한·일 간에 독도분쟁이 시작되었으며, 일본 함정이 1952년 5, 6월간에 독도에 불법 상륙하여 일본령 푯말을 설치하는 등 우리 영토를 침범하기 시작함. 일본은 1954년 이후 매년 1-2차례씩 우리 정부에게 독도가 일본 영토라는 외교구상서를 보내고 있다(http://cafe.daum.net/hgmja/M4KQ/9: 검색일 '09.6.26.).

284) 영해 기준선으로부터 200해리 이내의 영해에 접속한 수역. 이 수역에서는 연안국이 당해 수역의 해저·하층토·상부수역에 있는 자원의 탐사·개발·보존운동에 관해 주권적 권리를 갖고, 인공도서 시설 및 구조물의 설치·사용, 해양환경 보호 및 보존에 대한 배타적 관할권을 행사할 수 있다(해군본부 2007, 220).

285) Scramble order: 가능한 최단시간 내에 요격기의 이륙이 요구되는 비상출격 명령(공군본부 2006, 70).

286) 김봉섭, "한·일 해군 협력에 관한 연구", p.81.

영토라며 공식 문서화함으로써, 독도 반환문제는 명실 공히 21세기 일본 정부의 공식 외교쟁점으로 부각되기에 이른 것이다.[287]

그리고 2000년대 초 한·일 간의 어업협정을 둘러싸고 양국의 어업수역을 정하는 데 있어 독도문제가 쟁점이 되기도 하였다. 배타적 경제수역(EEZ)을 선포하는 데 필요한 400해리를 넘지 않는 양국은 독도를 어느 쪽으로 귀속시키느냐 하는 문제에 부딪쳐 한국은 일단 독도 주변 수역에 대해서는 잠정어업수역을 설정하기로 하였으나[288] 독도를 중간수역[289]에 포함시킴으로써, 일본의 영유권 주장[290]을 묵인했다는 비난의 목소리가 터져 나왔다. 물론 한국 정부는 독도 주변의 12해리 영해는 중간수역에서 제외될 뿐만 아니라 독도는 어업협상의 대상이 아니며, 우리 법령과 영해법 및 실효적 지배에 의해 그 지위는 정해진다고 주장하고 있다. 일본도 대화퇴어장을 절반 잃은 것보다는 독도를 잠정수역에 포함시킨 것에 더 흥분하여 양국 모두 만족하지 못하는 결과가 되었다.[291]

---

287) 일종의 백서인 외교청서(外交靑書)에서 여전히 "독도는 일본 고유의 영토"라고 주장. 외무성 홈페이지에 2008년판 외교청서(外交靑書) '한·일 관계' 항목에서 "한·일 간에는 독도를 둘러싼 영유권 문제가 있으나, 다케시마(竹島: 일본이 주장하는 독도 명칭)는 역사적 사실에서나 국제법상으로도 명백히 일본 고유의 영토라는 게 일본 정부의 일관된 입장"임을 밝힘(http://cafe.daum.net/ikclub/8FiV/8821: 검색일 '09.6.26.).

288) 대표적인 합의사항은 ① 동해에 양측이 조업할 수 있는 중간수역 설정. ② 동해 중간수역(공동관리)에서는 기국주의 실시. ③ 독도의 현지휘에는 영향 주지 않는 상태에서 독도 주변 수역은 공동 관리하도록 명시함(http://cafe.daum.net/duho.hs.DokDo/ktYD/12: 검색일 '09.6.16.).

289) 해양경계획정이 어려운 경우에는 경계획정이 이루어질 때까지 잠정적인 조치를 마련해 보라는 해양법협약 제74조 3항과 제83조에 의하여 동해 중앙일원에 독도문제로 인하여 해양경계 획정 상 양국 사이에 심각한 의견차이가 있기 때문에 이른바 '이름 없는 수역'을 한국은 '중간수역', 일본은 잠정수역 '공동관리수역'이라 부른다(http://cafe.daum.net/cfx/14EF/3?docid: 검색일 '09.7.2.).

290) ① 독도는 울릉도의 부속도서가 아니다(1도 2명설). ② 독도 존재를 조선보다 일본이 먼저 알고 있었다. ③ 1905년 시네마 현이 일본 영토로 편입하기 이전에 일본 어민이 독도를 실효적으로 경영. ④ 독도와 관련해서 양국 사이에 아무런 조약이 없었다. ⑤ 무인도이며 무지주인 독도를 먼저 영토에 편입시켜 세상에 알린 것은 일본이므로 국제법상(先占權) 일본 영토. ⑥ 샌프란시스코 조약에서 반환해야 할 섬의 이름에 들어 있지 않았다(박동근 2007, 49~53).

291) http://cafe.daum.net/cfx/14EF/3?docid: 검색일 '09.7.2.

독도 관련 논쟁은 한국이 독도의 꽃과 갈매기를 그린 우표발행 때에 일본의 문제제기로 인해 뜨겁게 된 적이 있었다. 2004년 1월 16일 한국인들은 이들 우표를 구매하기 위해 대규모로 우체국으로 몰려갔다. '독도의 자연'이라는 본 시리즈에는 푸른 장식의 식물로 뒤덮인 외로운 회색빛 도서그림이 포함되었다.[292] 판매를 시작한 지 단 3시간 만에 220만 장의 우표가 팔렸으며 이로써 한·일 지도자 간에 외교적인 소동 즉 상호 적대적인 관계로까지 번지게 되었다. 이에 대해 일본의 고이즈미 총리는 아소다로 총무상이 "일본도 독도를 등장시킨 우표를 발행하자."는 제안에 대해 "파문을 확대시키거나 복잡하게 만드는 움직임은 취하지 않는 게 좋다."고 말하여 대항 우표발행에는 부정적인 입장을 보였으나 "다케시마(竹島)는 일본 영토이다. 한국도 잘 분별해서 대응했으면 좋겠다."라고 독도에 대한 입장을 표명했다. 고이즈미 총리의 이러한 발언은 한국의 독도우표 발행에 맞서 같은 조치를 취하지는 않되 독도는 일본 영토라는 주장을 국정 최고 책임자가 공개적으로 천명하여 당시 많은 문제를 야기했다.[293] 이 사건으로 양국 국수주의자들의 반감이 자극을 받아 문제가 더욱 심각하게 되기도 하였다.[294]

다음 해인 2005년 3월 16일 시네마 현(島根縣) 의회가 '다케시마의 날' 조례안을 상정하여 가결됨으로써 이른바 '조용한 대일외교'를 주장해 온 한국 정부는 더 이상 물러설 곳을 잃게 되었다.[295] 일본의 자

---

292) 「The New York Times」. 2004년 1월 12일.
293) http://www. chosun.com: 검색일 '09.1.9.
294) 김현수. "독도냐 다케시마냐?", 「해양전략」 131호. 해군대학, 2006. p.2.
295) 박동근. "독도 영유권에 대한 국제법적 고찰", 강원대 대학원 석사학위논문. 2007. p.50.

성과 일본 스스로에 의한 역사청산을 희망했던 정부의 기대는 물거품이 되어 돌아왔으며, 한국 정부도 보다 적극적인 대일정책으로 전환하였다. 그동안 일본과의 외교마찰을 피하기 위해 제한해 왔던 독도에 대한 입도규제를 대폭 완화하여 독도방문여행 등을 전면 허용하였다. 이러한 정부의 대응전략은 독도에 대한 한국인의 주권을 손상시키려는 일본의 조례제정에 대하여 한국 정부의 입장을 분명히 한 것이며, 나아가 일본 정부에 대해서도 성의 있는 문제해결 노력을 촉구한 것으로 평가할 수 있다. 그러나 이러한 정부의 대응만으로 충분한 것은 아니다. 우선, 독도에 관한 한·일 인식의 차이를 일본에 분명히 전달해야 한다. 일본은 독도 문제를 단순한 영토문제로 접근하고 있지만, 한국에서 독도문제는 영토문제인 동시에 과거사 문제의 출발점이며, 식민지 지배문제로 연결되는 관문이라는 것이다. 일본의 정치인이나 외교담당자들도 독도문제로 한국 국민이 이렇게 뜨거워지는 것을 이해하지 못하는 이유는, 독도문제를 단순한 영토문제로만 보고 있기 때문이다.296)

지난 2008년 10월 한·일 정상회담에서 '성숙된 한·일 파트너십'을 공동 선언한 배경도 과거 한·일 관계는 과거사에 대한 망언이나 독도문제로 인한 불편한 관계를 염두에 둔 것으로 생각된다. 따라서 두 정상은 자국중심의 사고에서 벗어나 양국이 win-win 할 수 있는 한·일 관계로 발전시켜 나가자는 의도에서 '성숙된 관계'라는 용어를 사용한 것 같다. 하지만 이와 같은 한·일 관계는 일정기간 수면 아래 잠복한 상태이지 근본적으로 단기에 해결될 수 없는 사안이다.

---

296) 전진호. "21세기 한·일 관계의 현안과 전망", pp.111~112.

물론 현재의 한·일 안보협력으로 볼 때 독도문제가 한·일 간의 무
력 충돌로 이어질 가능성은 매우 희박하다. 또한 <표 3-3>에 나타
난 일본 순시선이나 어선들의 독도 영해 침범사례가 점진적으로 감
소하는 추세에서도 양국 관계를 희망적으로 볼 수 있다. 하지만 한국
과 일본은 독도를 영원히 포기할 수 없기 때문에 양국 관계 개선에
걸림돌이 될 수밖에 없으며 다시 또 언젠가는 시한성 폭탄으로 부상
할 수 있는 개연성이 존재한다.

〈표 3-3〉 독도 영해에 대한 침범사례

연도	횟수	내용	연도	횟수	내용
1977	2	어선 8척	1995	1	순시선 1척
1978	2	순시선 1척, 어선 14척	1996	0	
1981	2	순시선 1척, 어선 1척	1997	0	
1982	3	순시선 1척, 어선 2척	1998	1	순시선 1척
1984	1	어선 1척	1999	0	
1985	2	어선 2척	2000	0	
1986	1	순시선 1척	2001	0	
1989	2	순시선 1척, 어선 1척	2002	0	
1991	1	순시선 1척	2003	0	
1992	1	순시선 1척	2004	0	
1994	1	순시선 1척	2005	0	

자료출처: 『2008년 국정감사자료』

3) 군사대국화와 주변국의 우려

2차 대전 이후 일본의 방위능력은 기본적으로 미국의 핵우산에 의
존하면서 미국의 지원군 도착시간 지연을 위한 작전을 전개하는 능
력으로 전제되어 왔으나, 현재의 방위능력은 그 정도를 훨씬 뛰어넘
고 있으며, 외무성의 안보정책결정 독점시대에서 점차 방위성·자위

대의 참여 · 주도시대로 전환되고 있다.[297]

한 · 일 간 군사협력의 발목을 잡는 가장 큰 저해요인 중 하나는 일본의 군사대국화 논란이라 할 수 있다. 특히, 한 · 일 군사협력에 비판적인 사람들은 한 · 일 군사협력이 일본의 군사적 역할 확대에 대한 정부의 용인으로 받아들여지면서 결과적으로 일본의 군사대국화를 도와주는 결과를 낳을 뿐이라고 인식하고 있다.

일본이 최근 평화헌법의 족쇄를 벗고 안보적 역할의 확대를 도모하는 것은 분명하다. 즉 일본이 방어적이고 평화주의 자세를 포기하고 보통국가를 지향하는 것은 사실이다.

일본은 경제력에 상응하는 군사적 역할 확대를 적극적으로 추구하고 있다. 1976년 '방위계획 대강'(이하 대강) 일본방위에 한정되었던 자위대의 역할이 1995년 '대강'에서 지역안보로 그리고 2004년 '대강'을 통하여 글로벌한 차원으로 확대되었다. 2003년 6월에는 평화헌법과 전수방위의 제약을 벗어난 유사법안[298]을 입법화하였으며, 이후로 이라크 파병 등을 계기로 군사력 확대를 적극 모색하고 있다. 그리고 2004년 12월 10일 '대강' 2차 개정을 통하여 일본의 안보정책목표가 본토방위와 함께 국제안보환경 개선이 포함되어 그 범위가 세계적 차원으로 넓혀졌다. 2004년 '대강'은 국제사회의 안정적 안보환경 유지가 일본 안전에 직결된다는 인식하에 국제안보환경 개선을

---

297) 방위성의 역할강화는 미국의 대일정책을 담당하는 기관들(국무성 대 국방성) 간의 힘의 균형 변화와 연계. 클린턴 정권시절 국내문제와 경제문제가 우선시되자 국무성의 역할은 약화되었고, 그 상대역인 일본 외무성도 주도권을 잃게 됨. 그 틈을 이용하여 미국 국방부과 일본 방위성이 미 · 일 안보대화를 적극 추진(김성철 2007, 5).

298) 일본이 타국으로부터 공격받을 때를 가정한 전시동원법으로 2003년 6월 13일부로 시행되었다. 이로써 패전 58년 만에, 그리고 일본 정부가 1977년 '연구'라는 이름으로 검토에 착수한 이후 4반세기 만에 '전시' 대비의 국가체제 정비를 목적으로 한 법안이 효력을 갖게 됐다(김형수 2002, 45).

제2의 목표로 설정하였다. 이에 따라 일본은 다양한 유형의 테러나 북한 핵·미사일 등에 실효적으로 대응할 수 있도록 '다기능·탄력적 방위력'을 구상하게 된 것이다.

조직 측면에서 2006년 3월 통합막료회의를 폐지하고 통합막료감부를 신설하여 통합 막료장이 육상, 해상, 항공자위대를 지휘 통제하고 방위청 장관의 군령권집행을 보좌하도록 그 권한을 강화하였으며, 정보본부를 장관 직속에 두도록 개편하였다. 또한 방위청을 성(省)으로 승격[299]하는 방위성 승격 법안이 2006년 6월에 의회에 제출되어, 12월 15일에 국회를 통과함으로써 자위대의 위상이 한층 강화되게 되었다.

자위대는 24만여 명의 병력을 유지하는 가운데, 구형 무기체계를 도태시키고 첨단무기를 증강하고 있다. 최근 전력화가 완료된 주요 무기체계는 기존의 콩고급 이지스함 4척 외에 신형 아타고급 이지스함 2척, 아파치 공격헬기 6대 등이다. 현재 증강 중인 전력은 신형 전차와 13,500톤급 헬기 탑재 호위함 및 공중급유수송기[300] 등이다. 더불어 육상, 해상, 항공자위대의 합동작전수행능력을 강화하기 위해 합동훈련 횟수를 늘리고 통합 C4I2[301]를 구축하여 정보 집약·전달·공유 체계와 상호 운용성을 강화하고 있다. 그리고 주일미군과의 상호 운용성과 통합작전 능력을 강화하기 위하여 2006년 5월 주일미군

---

299) '성(省) 승격' 법안과 함께 통과된 자위대법 개정안에 따르면, 그동안 '부수적 임무'로 여겨 온 유엔 평화유지활동(PKO), 주변사태법에 근거한(미군의 군사작전에 대한) 후방지원 등의 해외 활동이 자위대의 '본래 임무'로 격상되었으며, 이것은 전후 일본방위정책의 핵심개념이라고 할 수 있는 전수방위의 '공식적인 폐기'라고 할 수 있음. 일본 중앙 부처 조직은 과거 내각부 산하의 방위청이 총리 직속의 방위성으로 격상되어 임무와 권한이 확대되었고 명칭도 '방위청 장관'에서 '방위성 대신'으로 변경됨(김성철 2007, 4).

300) 일본 항공자위대가 2008년 2월 미국 보잉사로부터 도입한 것으로 민간화물기를 개조한 다목적 공중급유기. 공중급유 이외에 병력과 화물공수가 가능하다(국방부 2008, 15).

301) 자위대의 지휘통제시스템으로 2006년 3월 통합막료부 창설에 따라 자위대의 통합운용을 중시하여 기존의 C4I(Command, Control, Communication, Computer & Intelligence)에 상호 운용성(Interoperability)을 추가하여 C4I2로 명칭을 변경하였다(국방부 2008, 16).

개편안에 최종 합의하였다.302)

한편 군사위성 분야에서 일본은 2007년 2월에 4번째 정찰위성 발사에 성공하여 위성4기 체제를 구축하였다. 이어서 일본 국회는 2008년 5월 우주의 군사적 이용을 가능케 하는 '우주기본법'을 통과시킴으로써 향후 고성능 정찰위성 및 조기경보위성 개발과 운용을 위한 제도적 발판을 마련하였다.303)

또한 2006년 7월 북한의 탄도미사일 시험발사와 같은 해 10월의 핵실험과 관련하여 미사일방어(MD)체계를 조기에 구축하기 위하여 2007년부터 해상과 육상에 요격미사일304)을 배치하였고, 일본 해상자위대는 2007년 12월 18일 새벽 최초로 하와이 근해에서 미 해군과 연합으로 미사일방어 요격실험을 실시함으로써 미사일방어시스템을 본격 가동하였다.305)

이처럼 전력증강을 위한 세계 2~3위의 국방비306) 지출, 자위대의 임무확대와 해외파병, 그 외에 언제든지 핵무장 가능한 과학기술력, 신보수주의자와 국민들의 우경화 현상 등에 대해 주변국들은 일본이 또다시 1930년대와 같이 군사대국화함으로써 물리적 충돌이 발생하지 않을까 염려하고 있다. 특히 일본과의 과거사를 제대로 청산하지 못한 한국과 중국은 일본과 군사협력을 하면서도 일본에 대한 군사

---

302) 국방부, 「2006 국방백서」(서울: 국방부, 2006). p.12.

303) 국방부, 「2008 국방백서」. pp.15~16.

304) 지상배치 요격미사일(PAC-3): 탄도미사일 요격용 미사일로 15㎞ 이하 저고도에서 탄도미사일을 요격한다.
해상배치 요격미사일(SM-3): 탄도미사일 요격용 미사일로 100㎞ 이상 고고도에서 탄도미사일을 요격한다(국방부 2008, 16).

305) 「한국일보」, 2007년 12월 18일.

306) 일본 정부는 2008년 12월 28일 FY 2009(2009.4.1.-2010.3.31.) 방위예산안으로 4조 7,028 엔(약 523억 달러, 환율 1달러=90엔)을 확정. 2008년 방위예산 대비 398억 엔(0.8%) 감소(국방정보본부 2008, 170).

적 신뢰를 완전히 하지 못하고 있다. 그렇다고 해서 일본이 과거처럼 대동아공영권[307]을 내세워서 군사대국화를 국가노선으로 확정하고 팽창주의적 대륙침략의 행보를 하는 것으로 판단하기까지는 논리적인 비약이 있다. 해외 의존적인 일본의 지정학적 조건, 미국의 견제, 주변국들의 강력 대처, 과거 팽창주의 정책의 한계를 잘 아는 지도자들과 국민들의 반대 등의 이유로 일본의 군사대국화 가능성을 부정적으로 보는 견해도 많이 있다. 또한 핵무기체계가 등장한 현대 국제관계에서 일본이 대륙세력을 향해 공세적인 군사노선을 취하기는 아직 길이 멀고 또한 합리적인 정책도 아니다.[308]

하지만 일본의 군사대국화 측면은 양국 관계 개선의 부정적 요인으로 인식될 수밖에 없을 것이다. 한국은 일본의 군사력 증강에 지속적인 관심을 가지면서, 평화헌법과 전수방위의 틀 내에서 절제된 방위력을 유지하도록 유도하고, 나아가 동북아 주변국들과도 다자적인 틀 내에서 일본의 힘이 평화 중심으로 발전될 수 있도록 유도해야 한다.

양국 협력의 필요성과 장애 요인은 양국 해군 협력에 직접적인 영향을 미친다. 독도문제로 인하여 양국 관계가 악화되었을 때에는 주일대사를 소환하는 등 외교적 갈등을 겪었고 반대로 북한 핵과 미사일을 공통의 위협으로 인식했을 때에는 그 어느 때보다 밀월의 한·일 관계였다. 몇 가지 장애요소는 양국 관계 개선에 영원한 걸림돌이

---

307) 제2차 세계대전 당시 일제가 아시아 대륙침략을 합리화하기 위해 내세운 정치 슬로건. 일제는 동아시아 지역에서 구미의 식민지 지배를 타파하고 아시아 제 민족의 해방을 위한다는 명목에 대동아공영권 결성을 주장하면서 침략정책과 전쟁을 정당화했다. 이것은 메이지(明治) 이래 일제의 대외 침략이론인 아시아주의, 아시아 연대론을 계승하면서, 독일 지정학의 생활권(Lebensraum) 이론으로 분식된 침략주의 사상이다(브래태니커, 일본침략정책).

308) 구본학 외. "일본의 보통국가 추진 상황하 한·일 군사관계 발전방향", 「국방부 정책용역 과제」, 국방부, 2006, p.113.

될 수밖에 없다. 이와 같은 문제를 극복하기 위해서는 우선 일본의 보수·우파 정치인들의 망언이 재발되지 않아야 하며, 한국도 과거사에 대한 보상이나 사과에 대한 대책 없는 주장보다는 양국 관계 발전을 위해 의식을 전환하고 촉진 요인을 부각시켜야 할 것이다. 시대의 진화와 안보환경의 변화에 따라서 상대적으로 필요성이 늘어나고 있으며 이에 따라 한·일 양국의 협력관계도 더욱 활발해질 것이다.

대부분의 필요성은 현재부터 먼 훗날 양국 간에 어떤 형태의 이익이 존재한다는 것이다. 여기에 제기된 필요성만으로도 양국 간 긴밀한 해군 협력의 명분이 충분하다. 선행연구 검토에서 언급한 대로 한·일 군사협력의 필요성은 기존 연구에서 충분히 제시되었고 협력의 필요성에 대해서는 이견이 없을 것이다. 하지만 단순한 필요성으로 형성된 협력관계는 그 필요성이 소멸되거나 축소되면 자연히 협력관계도 느슨해지게 된다. 무엇인가 근원적인 관계가 기반이 되어야만 튼튼하고 안정된 협력관계로 발전될 수 있다. 따라서 한 단계 발전된 양국 해군 협력관계를 형성하기 위하여 다음과 같이 '역사적 기원과 상호 관계'를 근거로 하는 촉진 요인을 도출한다.

2. 한·일 해군의 역사적 기원

가. 창군과정의 동질성

해방 후 한국이 정부 수립 이전에 여러 형태로 국토방위 조직을 만들어 한시적 임무를 수행한 것과 같이, 일본도 종전 후 비록 군대는 해산되었지만 분야별 치안유지를 위한 여러 가지 조직이 운영되었다. 한 · 일 양국은 동일하게 미국 군정 통제로 여러 가지 군사 관련 미국의 지원도 유사하게 진행되었다. 하지만 한국 해군의 상황은 일본과 비교할 수 없을 정도로 어려운 여건이었다. 1894년 조선수군이 해체된 이후 반세기 이상의 세월 동안 공백으로 인하여 해군건설의 전문지식이 결여되어 있었고 재정상황이 아주 열악하였다. 따라서 해군 창군요원들의 입장에서는 수단과 방법을 가릴 겨를이 없었다. 그러나 해방 후 일제 36년간의 치욕에 대한 감정으로 인하여 일본인에게 함정을 인도받고 기술을 배우는 등 도움을 받는다는 것은 상상할 수 없는 일이지만 당시의 여건이 말해 주듯이 별다른 선택의 여지가 없었고 일단 함정을 획득하고 배울 것은 배우자는 의사결정을 하였다.

먼저 일본 해군으로부터 최초 함정 운용 및 정비에 대한 기술을 전수받았다. 당시 군함에 대한 지식이 전무(全無)한 상태에서 기술을 전수받을 대상은 미국 해군과 구 일본 해군밖에 없었다. 하지만 당시 창군요원들의 영어능력 제한으로 미국 해군으로부터의 교육이수가 불가한 상황이었고 36년간 강점기로 인하여 숙달된 일본어 실력은 구 일본 해군으로부터 교육이수가 가능하여 별다른 선택의 여지가 없었다. 따라서 미군 장교 책임하에 함정 인수 요원에 대한 최초 교육도 구 일본 해군요원에 의해 이루어졌다.[309]

둘째, 창군준비 초창기 구 일본 해군 함정 위주로 출발하였다. 창

---

309) JMS라는 소해정이 구 일본 해군이 사용했던 전력이며 무엇보다도 당시 승조원들을 외국 전문가가 함 운용 · 정비 기술 교육을 전수하기 위한 필수조건이 어학능력이었다. 설령 미 해군에 JMS 소해정 전문가가 있었다 하더라도 당시 한국 해군 승조원들의 대부분이 영어 능력이 미비했기 때문에 효과적인 교육이 될 수 없었으며, 반면 일본어에 대한 능력은 일제 강점기를 거치는 과정에 대부분 승조원들이 수준급 능력을 보유하여 효과적인 교육이 되었다(오진근 외 2006, 169~173).

군준비 요원은 구성되었으나 해군으로 필수구비요소인 함정이라고 말할 수 있는 전력이 없었다. 따라서 당시의 입장은 출처와 무관하게 함정을 확보해야 하는 상황에서 전후(戰後) 해군전력이 양도되기 시작했다. 창군준비 초창기 13척의 함정전력 중에서 미국제 LCI 2척을 제외한 11척(JMS)은 구 일본 해군의 전력이었다.

셋째, 한국 해군의 최초 건조 군함도 주요 골격은 일본 기술진에 의하여 건조되었다. 조함의 효시(嚆矢)라고 할 수 있는 1944년 9월 14일에 착수된 최초의 대한민국건조 군함 '충무공정'도 대부분의 주요 골격은 일본 기술진에 의하여 건조되었고 해방 후 후속건조를 위하여 투입된 기술진도 일제하 조함창에서 재직하던 기술자들이다.

넷째, 창군 이후 양국 해군은 미국 해군을 통하여 군사적 지식을 습득하였다. 한·일 해군은 미국 해군 교육과정을 개설하여 최신 군사기술과 전술을 전수받았으며 많은 간부들이 미국 본토유학을 실시하여 미국식 군사지식을 습득했다.

한국 해군은 창군과정을 거치면서 일본 해군으로부터 함정을 인수받고 함 운용 기술을 전수받아 창군의 시발이 되었으며 양국 해군 모두 미국 군정의 통치하 유사한 조건에서 미국 해군 중심의 각종 군사제도, 교리, 전술을 전수받았다. 결과적으로 한·일 양국 해군은 창군과정에서부터 동질적 요소가 내재되어 있으며 이러한 역사적 기원은 양국 해군 관계 발전의 새로운 기반요소가 될 수 있다.

나. 한국전쟁을 통한 우호관계

한국전쟁에서 일본의 참전은 미군의 작전기지 제공, 한반도 정보에 대한 인적 안내, 상륙작전 수로안내, 병참 및 보급지원 등 여러 분야에서 광범위하게 진행되었지만 가장 중요한 역할과 상호 관계 형성은 특별 소해대 참전과 흥남철수작전 지원이라고 할 수 있다.

2차 대전이 끝난 후 미국 해군은 예산감축과 기뢰전에 대한 관심 부족으로 소해인력은 99%를 예비역으로 전환하고 소해함정 550척 중 7척을 제외하고 퇴역 혹은 관리대기로 전환하였으며 기뢰전 사령부를 해체하게 됨으로써 사실 기뢰전에 대한 능력은 거의 상실된 상태가 되었다. 하지만 패전국인 일본에 대해서는 100여 척 정도의 소해전력을 유지토록 하면서 2차 대전 말기에 연합군과 일본이 부설한 기뢰를 소해토록 하였다. 따라서 일본군은 전후 미국의 비군사화 정책에 따라 전군이 무장 해제되었으나 해군의 소해전력 부대는 이러한 배경으로 인하여 민간신분으로 전환하여 실질적인 전비태세를 유지하고 있었다.

한편 맥아더 사령관은 인천상륙작전에 이어 1950년 9월 26일 중앙청 회의실에서 원산상륙작전을 결정하게 된다. 미국 해군은 10월 20일을 D-day로 결정하고 250척의 함정과 5만 명의 병력을 원산 앞바다에 집결시켰으나 북한이 소련의 지원을 받아 부설한 3,000여 발의 기뢰원에 발이 묶여 꼼짝할 수 없게 되었다. 9월 말부터 10월 초순 사이에 미국 군함 2척과 한국 군함 2척이 적이 부설한 기뢰에 의하여 심각한 손상을 입었다. 이에 따라 선견부대 사령관인 스미스 알렌 소장은 미국 해군참모총장에게 '연합해군은 한국해역에서 해양통제권을 상실하였다'는 지휘보고를 하여 한때 펜타곤(Pentagon)이 동요하였다. 결국 당시 상황은 대(對)기뢰전 능력이 취약한 미국 해군으로서는 독보적인 능력을 보유한 구 일본 해군에 의지할 수밖에 없었다. 결과

적으로 특별 소해대 참전은 극동해군 사령관 조이 중장이 미국 해군
의 기뢰전력 부족으로 인한 역경의 타개책으로 20여 척의 일본 소해
정을 사용할 수 있도록 연합군 최고사령관에게 요청하게 되어 이루
어졌다.

소해작전 도중에 원산 앞바다에서 기뢰폭발로 JMS-14정이 침몰
하고 승조원이 전사하고 부상당했으며 어려운 여건에서도 327km의
해로와 607㎢의 정박지를 소해하였다는 것은 한·일 관계에 특별한
의미를 시사한다.

또한 이 작전은 시기적으로 연계되어 진행된 흥남철수작전에 큰
기여를 하였다. 세계전사에서 가장 성공적인 철수작전이라고 평가하
는 흥남철수작전은 특별소해작전의 성공으로 인하여 가능하게 되었
으며[310] 30여 척의 LST 승조원과 1,200여 명의 양륙작업 인원의 지원
도 추후 전황전개(戰況展開)에 중요한 역할을 하였다.[311] 아마 일본의
소해작전 참전과 흥남철수작전 지원은 여러 상황으로 유추해 볼 때
한국전쟁 상황에 중요한 영향을 미친 것으로 판단된다. 즉 연합해군
은 원산상륙작전을 앞두고 원산·흥남 간의 북한 부설 기뢰에 대하
여 심각한 위협에 봉착하였고, 당시 미국 해군의 소해전력은 절대적
으로 부족한 상태였다. 특별 소해대 작전 이후 미국 해군은 원산상륙
작전과 흥남철수작전에서 기뢰에 의한 피해가 없었으며 한국 해군도
전쟁사에서 '한국전쟁 내내 해양을 자유롭게 사용했다'는 역사적 기

---

310) 맥아더 장군은 원산상륙작전 결정 후 원산 대신 흥남에 상륙하는 계획을 검토하였다. 그러나 극동해군사
　·　령관 조이 제독은 맥아더 장군에게 '흥남의 가장 큰 문제는 그 해역에 많은 기뢰가 부설되어 소해에 많
　　은 시간이 소요된다'라고 보고한 것에 의하면 특별 소해대 작전 이전의 흥남해역은 많은 기뢰가 부설되
　　어 있었음을 알 수 있음(Malcolm W. Cagle 2003, 150~151).
311) 「국방일보」, 2006년 6월 12일.

록과 전쟁 후 김일성은 패전의 원인을 '제해권의 상실'[312] 이라고 언급한 사실 등이 그 역할을 입증하는 것이다. 결과적으로 특별 소해대 작전은 연합 해군이 기뢰로 인한 난관을 해소하여 제해권을 확보할 수 있게 하였으며 흥남철수작전 지원은 병력과 장비를 신속히 반격 지역으로 재전개할 수 있게 함으로써 추후 한국전 전황(戰況)에 중요한 영향을 미친 것으로 볼 수 있다. 따라서 이 작전이 한국전쟁 상황에 기여한 바를 다음과 같이 유추할 수 있다.

첫째, 원산상륙작전을 성공적으로 지원하였다. 원산상륙작전은 기뢰의 위협으로 예정일보다 6일 늦게 행정 상륙하였지만 상륙군 5만여 명과 군수물자를 안전하게 상륙시킴으로써 후속 북진작전을 원활하게 하였다. 둘째, 흥남철수작전을 세계적으로 성공한 작전으로 만들었다. 특별소해대의 작전으로 확보된 607㎢의 정박지는 철수 당시 함재기 및 함포의 해상 화력지원을 원활히 하여 적의 접근을 차단함으로써 여유 있게 전 병력과 군수물자 그리고 10만여 명의 피난민까지 안전하게 철수할 수 있게 하였다. 흥남철수작전 시 3,000여 명의 LST 승조원과 1,200여 명의 작업요원 지원은 10만 명의 병력과 34만톤의 군수물자를 신속히 이송하여 후속작전을 원활하게 하였다. 셋째, 1·4 후퇴 이전에 동해항과 삼척항에 병력과 장비를 재전개함으로써 중부전선에서 반격작전이 가능토록 하였다. 넷째, 특별소해작전으로 확보된 수로와 정박지를 이용한 해상 화력지원으로 중공군의

---

312) 김일성은 제4차 당 대회에서 행한 연설에서 "조선의 군사전략은 조선 사람에 맞는 군사전략이어야 합니다." 라고 말하며 "조선 3면이 바다이며 해안선이 깁니다."라는 해군정책과 관련된 언급을 하였으며 이것이 한국전쟁의 패인으로 제해권을 장악하지 못한 때문이라고 유추하며 이에 대한 대책으로 전후 북한 군사전략 측면에서 나타난 현상은 상대적으로 한국에 비해 수상함 전력이 취약함에도 불구하고 잠수함 전력을 크게 늘려 3면 해안을 전선화(戰線化)하였음(이기택 2002, 240~242).

보급로를 용이하게 차단할 수 있었다. 참전에 대한 일본의 입장으로 당시 요시다(吉田) 일본 수상은 '유엔군에 협력하는 것은 나의 신념이고 일본 정부의 기본정책'임을 전제하여, 미국 군정의 압력보다는 자발적으로 참전하였음을 강조했다.[313]

이 사건에 대한 평가는 일제 강점기 손기정 선수[314]의 마라톤 우승에 대한 인식과 유사하다. 손기정 선수가 일제 강점기인 1936년 8월 9일 베를린올림픽 마라톤에서 우승하여 한국인의 기상을 세계에 알린 바 있다. 한국인은 신기록으로 우승한 손 선수가 비록 가슴에는 일장기를 달았지만 대한민국 국민임을 주장하여, 일부 언론의 일장기 말살사건[315]으로 번지게 되었다. 비록 양국 간의 불편한 관계로 인하여 지금까지는 긍정적인 한·일 관계가 소외될 수밖에 없는 상황이었지만 역사적 진실은 밝힐 필요가 있다.

한국전쟁에서 여러 분야의 참여 중 특히 특별소해대의 참전과 흥남철수작전의 지원은 한국전쟁의 상황에 중요한 역할을 하였으며 일본 정부는 1979년 원산 앞바다에서 소해작전 중 사망한 '나카다니 사카다로(中谷坂太郎)'에게 훈장을 추서함으로써 한국전쟁 참전을 공식화했다.[316]

---

313) 일본 정부는 특별 소해대 임무에 대하여 비밀에 부쳐 오다가 29년 후인 1979년 전사자를 추서하여 참전을 공식화하였으며 이에 따라 일본의 작가 후지무라 마코토(藤村誠)는 일본은 한국전의 열일곱 번째 참전국이라고 주장함(함명수 2007, 206).

314) 1912년 8월 29일 평북 신의주 출생. 1933년 제3회 동아마라톤 우승. 1936년 제11회 베를린 올림픽 마라톤 우승(2시간 29분 19초). 1940년 일본 메이지대 법과 졸업. 1963년 육상연맹회장. 1981 서울올림픽조직위원(브리태니커).

315) 1936년에 일제에 의하여 대한민국 민족 언론이 탄압을 받았던 사건. 그해 8월 1일에 열린 베를린 올림픽 마라톤에서 우승한 손기정 선수의 모습을 다룰 때에 몇몇 신문사에서 손기정의 유니폼에 달려 있던 일장기를 지워 버린 사진을 신문에 실었다. 결국 이에 대한 일제의 탄압으로 〈동아일보〉는 무기 정간을 당하였고, 뒤이어 〈조선일보〉와 〈중앙일보〉도 휴간되었다(브리태니커).

316) 함명수. 「바다로 세계로」(서울: 한국해양전략연구소, 2007). p.206.

일본의 특별 소해대 참전과 흥남철수작전 지원의 역할은 지금까지 알려진 상징적인 전쟁지원 수준을 넘어서 양국 관계 발전의 인식전환 계기가 될 수 있다고 본다.[317]

3. 한·일 해군의 역사적 상호 관계

가. 한·일 해군 주요전력의 비교

1) 개요

양국 해군 임무의 공통성에 대해서는 한·일 해군 협력의 필요성과 협력역사에서 충분히 제기되었으므로 여기에서는 상호 운용성에 대하여 구체적으로 살펴보자.

국가안보를 위한 국방태세의 수준은 그 나라의 과학기술력, 경제력, 국민의 안보의식 등에 의하여 결정된다고 볼 수 있다. 아무리 국민의 안보의식이 높아도 국가재정이 뒷받침해 주지 못하면 양질의 무기체계를 운용할 수 없으며, 반대로 국가 경제력과 과학기술 수준이 높아도 국민적 지지가 없으면 이 또한 어렵다. 한·일 양국은 2차대전과 한국전쟁을 통하여 안보의 중요성에 대한 국민적 안보의식은 높다고 보아야 한다. 또한 부족한 과학기술력도 해외 의존도를 높이면 쉽게 해결할 수 있었다. 가장 큰 걸림돌이 국가재정 즉 경제력의 문제이다. 앞에서도 국방과 경제발전의 상관관계에 대하여 언급하였

---

317) 본서를 계기로 언젠가는 6·25참전국이 16개국이 아니고 17개국이라는 학설이 나올 수도 있을 것이다.

지만 확실한 것은 국가재정을 고려치 않고 무분별하게 안보에 치중할 수 없다는 것이다.

따라서 일본의 경우는 전후(戰後) 미국의 그늘에서 무임승차에 가까운 안보태세를 유지함으로써 경제발전을 지속할 수 있었다. 미·일 안보동맹하에서 한동안 GDP 1% 이하 수준의 방위비만 지출하였으며, 해상자위대 창설 시기에 한국전쟁이 발발하여 군수물자 수출로 인한 경제적 부를 얻었고, 자동적으로 국방과학기술이 발달되었으며 국민들의 안보의식도 고양되어 한국전쟁은 전후복구를 위한 일본에 '천우(天佑)'라고 표현될 정도였다. 따라서 일본은 이와 같은 필요충분 조건이 구비된 상태에서 전력건설을 해 왔기 때문에 한국보다 선진화된 군사력을 앞서 구비하였다고 할 수 있었다.

하지만 한국은 국가 경제력과 국방과학기술 수준이 낮은 상태에서 출발하여 후발주자가 될 수밖에 없었고 일본의 직간접 영향을 받게 되었다. 그 후 제3공화국에 착수된 자주국방 목표 아래 전 국민이 단결하여 지속적으로 추진해 온 결과 한국군도 괄목할 만한 군사력 수준에 도달했다. 한국 해군의 경우 세계적인 첨단전력인 214급 잠수함,[318] 이지스구축함, 대형 수송함도 갖게 되었다. 여기에서 한·일 양국 간 군사변천 과정에서 해군의 핵심전력을 개발하여 운용하기 시작한 시점의 차이가 무엇을 의미하며, 이러한 전력운용 시점의 안보상황 관련 요소를 살펴보는 것도 변천사 분석에 의미가 있을 것으로 판단된다. 양국 해군 주요 핵심전력이 개발되어 운용된 시점의 차

---

318) 북한의 로미오(R)급, 위스키(W)급 등 재래식 잠수함은 배터리 충전을 위하여 하루에 한 번가량은 상대방에 노출될 수 있는 반면 214급 잠수함은 '공기불요장치'(Air Independent Propulsion System)에 의하여 2-3주가량 스노클링 없이 수중작전이 가능하므로 재래식 잠수함의 6배 이상의 전투력을 갖는 것으로 평가됨(http://cafe.daum.net/koreanvessel/FiOS/71: 검색일 '09.6.12.).

이(gap)는 다음의 <표 3-4>와 같다.

〈표 3-4〉 핵심전력 운용 시점

주요 전력	잠수함	이지스구축함	대형 수송함	해상초계기(P-3C)
일본 해자대	1960.6.30.	1993.3.25.	1998.3.11.	1985.12.1.
한국 해군	1992.10.1.	2008.12.1.	2007.7.1.	1995.11.1.
gap	33년 4월	15년 8월	9년 3월	9년 11월

자료 출처: *Jane's Fighting Ships '60-'61, '90-'91*

주요 전력의 운용 시점 차이(gap)는 잠수함이 33년 4월로 가장 크다. 일본은 2차 대전 중에 잠수함을 운용하여 왔고 종전 후 잠수함 기술진이 그대로 전수되어 자위대 설립 초기에 잠수함 사업을 착수할 수 있었다. 다음으로 일본이 1990년대 초에 운용하기 시작한 이지스 구축함은 15년 8개월의 차이가 있었고, 일본이 1990년대 후반에 운용하기 시작한 대형 수송함은 9년 3개월로 단축되었다. 이처럼 주요전력 운용시차가 단축되어 가고 있는 주요 원인은 한국 국방과학기술 발달에 의한 것이라고 유추할 수 있다. 다음은 주요 전력별 운용 시점 기준의 환경적 요소와 상호 운용성 측면을 세부적으로 살펴본다.

2) 전력별 환경요소 및 공통점

가) 잠수함

2차 세계대전 시 연합국 전함들을 공포에 떨게 했던 독일의 U-보트들이 종전(終戰) 후 영국, 미국, 프랑스, 일본 등에 분배되어 그 국가들의 잠수함 건조에 많은 참고가 되었다. 일본도 2차 대전부터 잠수함전력으로 연합군을 공격하여 많은 전과(戰果)를 올렸다. 하지만 2차 대전 당시의 잠수함은 현대식 잠수함에 비해 전투능력이 열악한 수준이다. 따라서 일본의 잠수함전력 운용 기준은 종전 후 해상자위대에서 건조한 현대식 잠수함 기준으로 하였다. 일본은 2차 대전부터 잠수함을 건조해 온 기술자들을 종전 후 전범으로 처리하지 않고, 해상자위대에 편입하여 습득한 노하우(knowhow)를 전수토록 함으로써 잠수함의 현대화에 큰 역할을 하게 하였다.

양국 해군의 최초 잠수함은 외형의 크기는 비슷하지만 30년 세월의 기술 수준은 차이가 클 수밖에 없다. 한국 해군 최초의 잠수함(209급) 1번함은 독일의 U-보트 기술이 전수되어 온 하드베(HDW)조선소 기술진에 의해 건조되었으며 <표 3-5>에 나타난 바와 같이 양국 최초 잠수함의 성능에서는 큰 차이가 있다

〈표 3-5〉 한·일 최초 잠수함 성능 및 제원

구 분	일본 해상자위대 Oyashio급	한국 해군 209급
Builders	Kawasaki Jyuko co	HDW co
Displacement(tons)	1,130	1,100
Dimensions(feet)	185.0×20.3×18	$258.5×23×15\frac{1}{6}$
Speed(knots)	11(surface), 22(dived)	13(surface), 19(dived)
Radius	7500miles at 8kts surfaced	5000miles at 10kts surfaced
Complement	65	33
Weapon system	T/D 4-21in tubes	SSM: UGM-84B Sub H/P T/D: 21in bow tubes Mines: 28lieu of torpedoes Weapons Control: ISUS 83TFEC
Commission	1960. 6. 30.	1993. 6. 2.
잠수함 보유 수	16	10

자료출처: *Jane's Fighting Ships '60-'61, '92-'93*

속력 면에서 현대식 잠수함은 수중작전 중심으로 설계 건조되기 때문에 수상보다 수중속력이 상대적으로 높다. 특히 무기체계 및 전자장비 면에서 Oyashio class는 수중전력의 기본 무기체계인 어뢰(torpedo)를 운용하는 정도의 기술 수준인 데 반하여, 209class는 어뢰작전에 부가하여 장거리 표적을 공격할 수 있는 잠대함(潛對艦)유도탄 능력을 구비하고 있으며 무장 통제 체계(weapons control system) 등 첨단전자, 음향 장비가 탑재되어 있다. 209class 잠수함의 작전성능은 몇 차례 연합훈련을 통하여 선진해군이 감탄할 정도로 그 우수성이 입증되었다.[319] 비슷한 크기의 잠수함임에도 불구하고 209급이 절반 정도의 승조원으로 운영되는 것도 모든 무기체계 및 장비가 자동화·첨단화되었기 때문이다. 물론 일본 해자대의 최신 잠수함은 209class 못지않은 능력을 구비하고 있다. 또한 양국의 최초 잠수함을 운용할 시점의 경제력 수준이 어느 정도일 때 잠수함을 운용하였는가 하는 것도 의미가 있을 것으로 판단된다.

〈표 3-6〉 잠수함 운용 시점 경제력 수준

구 분	GDP(억 달러)	Def. bdgt(억 달러)	Percent of GDP(%)	해군 병력(명)
일본(1960년)	1274.8	15.69	1.2	38,323
한국(1992년)	296.84	11.19	3.8	35,000

자료출처: *The Military Balance '60-'61 '92-'93*

---

319) '93년 장보고함(209급 1번함)이 취역할 때만 해도, 미국은 한국의 독일제 잠수함 도입에 마음이 상한 듯 한국 잠수함의 능력을 인정하지 않으려고 했다. 그러나 '95년 샤렘(SHAREM)훈련(한·미 연합대잠해양 탐색훈련)에서 한국 잠수함이 수 척의 수상함과 잠수함, P-3C대잠(對潛)초계기로 구성된 미국 해군의 대잠방어망을 뚫고 들어가 미국 해군 기함(Flag Ship)에 스모크를 명중시키자 분위기가 바뀌었다. 스모크 대신 어뢰를 발사하였다면 이 기함은 격침되었을 것이다. 그 후 7함대 사령관은 "한국 잠수함의 능력이 매우 인상적이었다."고 평가했다. '97년 독수리훈련 때, 미국 해병대가 상륙항공모함(LPH)을 동원해 작전을 벌이는데, 우리 잠수함이 대잠방어망을 뚫고 들어가 이 상륙항공모함에 스모크를 명중시켰다. 한국 잠수함이 기함에 이어 상륙항공모함까지 '격침'했다는 사실에 미국 해군이 경악했음은 물론이며 대잠수함작전에서도 뛰어난 능력을 발휘했다(http://blog.daum.net/671119kcm/120?: 검색일 '09.5.12.).

앞에서도 언급되었지만 잠수함의 경우에는 일본은 2차 대전 시의 잠수함 운용·기술 능력이 그대로 전수되어 왔기 때문에, 국방비 규모에 크게 영향받지 않고 자위대 설립 초기에 잠수함 사업을 착수하여 1960년에 운용하게 되었다.

하지만 한국 해군의 경우는 잠수함에 대한 기술을 전적으로 해외에 의존할 수밖에 없었으므로 막대한 소요예산이 제일 큰 문제가 되었다. 또한 1970년대에서 1980년대 한반도 안보상황은 남북한 긴장관계로 해상 대간첩작전이 국방의 비중과 국민적 관심사가 높았기 때문에, 해군 전력건설 방향도 고속정 중심의 수상함 사업에 치중하게 되어 잠수함 사업은 밀릴 수밖에 없었다. 잠수함의 경우 일본은 독자기술로 국내에서 생산하였고, 한국은 독일기술로 건조하여 무기체계의 상호 운용성은 낮으나, 2차 대전부터 잠수함을 운용한 일본의 잠수함 운용술은 세계적인 수준으로 알려져 있다. 따라서 한국 해군 입장에서는 상호협력을 통하여 기술적 노하우를 전수받을 수 있는 호기가 될 수 있다.

나) 이지스구축함

'신의 방패'로 불리는 이지스시스템(Aegis System)은 현대해전에서 대함(對艦)미사일 공격을 방어하기 위한 목표추적 시스템 및 방공미사일, 공격 시스템과 이를 운용하는 통합 시스템이다. 이와 같은 최첨단 무기체계는 미국 해군의 타이콘데로가급 방공순양함과 알레이버크급 방공구축함, 일본의 콩고급 방공구축함, 한국 해군의 KDX-Ⅲ(세종대왕)급 구축함에 탑재되어 있으며 스페인의 알보로드 바잔급 프리깃함과 노르웨이 프리초프 난센급 프리깃함에도 탑재되어 있다.

따라서 구축함급에 이지스체계를 탑재한 것은 미국과 일본에 이어 세계 3번째라고 할 수 있다. 미국, 일본, 한국의 이지스구축함은 공히 미국체계이므로 제원 및 성능이 대동소이하며, 한·일 양국의 최초 이지스구축함의 세부 제원 및 성능은 <표 3-7>과 같다.

<표 3-7> 한·일 최초 이지스구축함 제원 및 성능

구 분	일본 해상자위대 KONGOU급	한국 해군 세종대왕급
Displacement(tons)	7,250 standard	7,650 standard
Dimensions(meters)	161×21×6.2	165.9×21.4×6.25
Speed(knots)	30(4,500 at 20 kts)	30
Complement	300(27officers)	300
MSL	SSM: 8 McDonnell Douglas H/P	SSM: 16 해성 MSL
SAM	FMC MK41VLS(29cell) Martin Marietta MK41VLS (61cell)	MK41(80cell) K-VLS(48cell)
A/S	Vertical launch ASROC	Vertical launch ASROC
GUN	OTO Melara 5/54(127mm)	KMK25Mod4 127mm
CIWS	GE/GD 20mm MK15Vulcan phalanx	Goal Keeper CIWS RAM
T/D	6-324mm(2 triple)Hos 302tube	3-324mm KMK-32 2문
Weapons Control	3 MK99Mod1 MFCS	to be announced
Radars	Air: RCA SPY 1D Surface: JRC OPS-28D Navigation: JRC OPS-20 Fire Control: 3 SPG-62	Air: AN/SPY-1D(V5) Fire Control: 3 SPG-62
Sonars	Nec OQS102 bow mounted: active OK: OQR2 TACTASS: towed array	To be announced
Helo	platform, fuelling facilities for SH-60J	To be announced
이지스함 보유 수	6	1

자료출처: *The Military Balance '93-'94, '07-'08*

<표 3-7>과 같이 미국 이지스체계의 구축함이기 때문에 대부분의 제원 및 성능이 유사하여 상호 운용성이 우수하며, KDX-Ⅲ(세종

대왕함)급이 MSL과 SAM의 전투지속 능력을 상대적으로 향상시켰다고 볼 수 있다. 무엇보다 양국 해군의 첨단전력인 이지스구축함이 상호 운용성이 우수하다는 것은 양국 해군 협력에 긍정적인 요인으로 평가할 수 있다.

또한 한국이 세계에서 3번째로 이지스구축함을 운용하게 되는데, 여러 나라들이 이지스체계에 관하여 관심을 갖고 있지만 막대한 비용문제가 걸림돌이 되고 있으며, 현재 이지스함을 운용 중인 나라도 유지비 문제로 큰 부담을 안고 있다.[320] 한·일 양국이 이지스구축함을 운용한 시점의 경제력 수준은 <표 3-8>과 같다.

<표 3-8> 이지스구축함 운용 시점 경제력 수준

구분	GDP(억 달러)	Def bdgt(억 달러)	Percent of GDP	해군병력(명)
일본(1993년)	3,761.5	39.7	1.05	43,000
한국(2008년)	1,316	25	1.9	35,000

자료출처: *The Military Balance '93 - '94, '07 - '08*

일본은 1993년 이지스구축함을 운용하기 시작하였고 방위비 규모는 39.7억 달러였다. 한국은 15년 후 2008년에 와서야 이지스구축함을 운용하게 되지만 방위비 규모는 일본의 절반 남짓했다. 이지스구축함을 한국 해군이 조기에 갖게 된 배경은 물론 대양해군건설의 일환으로 추진된 사업이지만, 사업 착수 당시 한·일 간 독도문제로 영토분쟁문제가 심각한 상황으로 대두되어 국민적 공감대를 쉽게 얻을 수 있었기 때문이다. 이지스구축함의 위상은 다른 전력과는 차별화될 만큼 국민의 사기를 고양시켰으며, 향후 한·일 해군 간의 군사협력

---

320) 「조선일보」, 2007년 5월 18일.

에 획기적인 역할을 할 수 있게 될 것이다.

다) 대형 수송함

일본이 대형 수송함인 오수미(Oosumi)함[321]을 건조할 때 수많은 군사저널에서는 일본의 우경화 또는 군사대국화를 우려하는 글이 실리고 나름대로 장차 전투 수행능력 확장성에 대하여 평가하였다. 공통된 평가내용으로 "경항공모함으로 단기간 내 개조가 가능하며, 기존 기능에 부과하여 헤리어(AV‑8B Harrier) 전투기 등 수직 이착륙 항공기도 운용하게 된다."는 것이었다.[322] 주변국의 이러한 우려에 대하여 일본은 명쾌한 대응이 없었다. 가능성이 높지 않아도 주변국 입장에서는 유비무환 차원에서 대비를 해야 함이 마땅할 것이다.

대형 수송함의 본래 임무는 해상기동부대 지휘통제함, 입체 상륙작전 수행 및 해상 항공작전지원, 국가 대외정책지원을 위한 PKO, PKF[323] 파병, 재난구호지원, 대테러작전, 국위선양활동 등 다양하다. 미국을 비롯한 선진해군은 다수의 대형 수송함을 보유하고 있는데, 독도함과 유사한 함형으로는 영국의 Ocean급과 일본의 Oosumi급 등이 있다. 독도함과 Oosumi급 대형 수송함의 제원 및 성능은 <표 3‑9>과 같다.

---

321) 일본 해상자위대는 1996년 11월 8,900톤의 (LST) 4001 Osumi(다른 나라에서는 대부분 LPH로 분류한다)호를 진수시킴으로써 주변 여러 나라의 우려를 자아냈는데, 가장 큰 이유는 외관이 소형항모와 흡사한 수평갑판을 갖기 때문이었다. Osumi호는 기존 오래된 1,500톤급 LST를 대체하고 해상수송능력 강화, 대량수송 작전의 수행, 상륙지휘 모함 등 다양한 임무의 수행을 위한 대형 수송함으로서 해상자위대에게 소규모기는 하지만, 현대적 개념의 초수평선 상륙능력과 강습능력을 구비하게 됨(Jane's INC. 2008, 345).

322) http://bemil.chosun.com/nbrd/ gallery/view: 검색일 '09.7.17.

323) Peace Keeping Forces: 유엔평화유지는 크게 정전감시단과 평화유지군으로 나뉘며 1948년 이스라엘과 아랍 제국 간의 휴전을 감시하기 위한 유엔정전감시기구(UNTOS)를 시초로 이후 수십 차례 구성되었다. 평화유지군은 분쟁당사국들이 원할 때만 유엔안보리의 결의에 따라 배치되며 보통 여러 국가에서 자발적으로 차출, 파견된다(해군본부 2007, 606).

〈표 3-9〉 한·일 대형 수송함 제원 및 성능

구분	일본 해상자위대 Oosumi급	한국 해군 독도급
Displacement(tons)	8,900(full load 14,000)	14,000(full load 18,000)
Dimensions(meters)	178×25.8×6	199×31×6.6
Speed(knots)	22	23
Weapon	2 GE/GD 20㎜ Vulcan phalanx	2 GE/GD 20㎜ Vulcan phalanx 1 RAM
Complement	135	300
Military lift	330 troops, 2 LCAC 10 Type 90 Tank or 1400ton Cargo	700troops, 2LSF 6Tank, 6LCAC Trucks and Cargo
대형 수송함 보유 수	3	1

자료출처: *The Military Balance '98-'99, '07-'08*

독도함급은 Oosumi급보다 약 1.5배 정도 규모의 함정이며 임무수행능력은 2배에 가깝지만 기본임무가 동일하고 또한 다수 주요장비가 동종으로 향후 양국 해군 협력 시 호환성이 높다고 할 수 있다.

대형 수송함과 같은 큰 표적이 해상에서 임무를 수행할 때 입체적 위협으로부터 방어보장이 과제이다. 특히 현대전의 특성은 장거리 정밀타격(PGM)능력이 급속히 발전해 감에 따라, 대공(對空)·수중(水中) 위협에 대한 방어능력 향상이 무엇보다 중요하다. 따라서 독도함의 경우도 2대의 근접방어 무기체계(CIWS)[324]에 부가하여 적 미사일 위협으로부터 생존성을 높이기 위해 RAM[325]을 보완하였다. 대형 수송함은 기본임무와 달리 확장 운용 가능성으로 인해 주변국들의 경계가 되고 있는 전력이므로 이와 같은 전력을 운용한 당시 경제력 수준

---

324) Close In Weapon System: 대함(對艦)미사일 방어무기체계로서 공격해 오는 대함미사일을 1,000m 이내의 근거리에서 20㎜~40㎜ 사이의 소구경포로 격추시키는 고발사율의 무기체계(해군본부 2007, 91).

325) Rolling Airframe Missile은 CIWS가 적 유도탄을 근거리에서 요격하기 위한 고발사율의 소구경포임에 반해 RAM은 적 유도탄을 공중에서 요격하기 위한 대함유도탄 방어용 유도탄임(해군본부 2007, 125).

을 살펴보는 것도 의미가 있을 것으로 생각된다.

<표 3-10> 대형 수송함 운용 시점 경제력 수준

구 분	GDP(억 달러)	Def bdgt(억 달러)	Percent of GDP	해군병력(명)
일본(1998년)	3,800	35.2	0.9	43,800
한국(2007년)	1,201	22	1.8	35,000

자료출처: *The Military Balance '98-'99, '07-'08*

일본이 대형 수송함을 운용한 시점인 1998년 국방비가 35.2억 달러로 9년 후 한국 국방비는 1.6배로 책정되어 있다. 하지만 양국 간 해군병력 수준이 일본이 1.25배로 높은 것도 고려되어야 한다. 이런 요소들을 감안할 경우 국방비 규모가 30억 달러 내외 정도일 때 대형 수송함을 운용하게 된 것으로 분석된다.

라) P-3C 해상 초계항공기

1962년 미국 록히드사는 여객 전용 프로펠러 항공기인 Electra를 개조하여 P-3A로 명명된 초계 비행기를 미국 해군에 인도하기 시작하였다. 일본은 미국 해군의 지상기지운용 대잠(對潛)항공기로서 넓은 작전반경을 가진 P-3C를, 1985년 말에 가와사키 중공업과 록히드사 간의 특허 생산을 위한 계약을 체결하여 100대를 면허 생산하여 현재 운용하고 있다. 한국 해군은 1995년 P-3C를 도입하여 운용 중이며 2010년까지 8대를 추가 도입할 계획이며 P-3C의 제원 및 성능은 <표 3-11>과 같다.

〈표 3-11〉 P-3C 제원 및 성능

구 분	성능 및 제원	구 분	성능 및 제원
기고(m)	10.72	중량(kg)	27,890
기장(m)	35.61	엔진	General motors Allison T56-A-14 터보프롭엔진
기폭(m)	30.37	엔진출력(kw)	3,661
최대속력(kts)	411	실용상승 고도(m)	8,625
순항속력(kts)	328	작전행동반경(km)	2,070NM
제작사	Lockheed 사	보유 수(대)	일본: 96 한국: 8

자료출처: *The Military Balance '85-'86, '95-'96*

P-3C는 한·일 양국이 미국 Lockheed사로부터 직접 또는 특허 생산을 했기 때문에 제원 및 성능이 거의 동일하다. 따라서 양국 해군은 연합훈련 등 공동 임무수행에 효과적일 것으로 보인다. 다만 보유 대수 면에서 일본은 구소련을 포함한 주변 강대국들의 수중전력능력을 고려하여 1,000해리를 방어할 수 있도록 P-3C 100여 대를 확보한 것으로 되어 있다. 한국 해군도 동·서·남해의 광범위한 해역방어를 위해서는 절대적으로 부족한 숫자이다. 특히 일본과 협력적 조건을 위해서도 최소한 일본의 1/3 수준은 확보해야 한다.

〈표 3-12〉 P-3C 운용 시점 경제력 수준

구 분	GDP(억 달러)	Def bdgt(억 달러)	Percent of GDP	해군병력(명)
일본(1985년)	1,429.8	17.86	1.2	45,000
한국(1995년)	422	14.36	3.4	35,000

자료출처: *The Military Balance '85-'86, '95-'96*

일본이 국가 재정상의 어려움도 감수하고 해양안보를 위해 P-3C

를 확보 운용한 시점과 독도문제가 부각된 1990년대 한국 해군에서 P-3C를 확보한 시점의 양국 경제력 수준은 <표 3-12>와 같다. 1985년 일본이 P-3C를 운용한 후 한국은 10년 후인 1995년에 운용하게 되는데 국방비 규모는 일본이 1.24배 높고 운용병력 수준도 1.28배 높다. 1995년 한반도는 북한 핵 문제로 북·미 간의 긴장이 고조된 시점으로 인해 GDP 대비 국방비의 비율이 3.4%로 높게 책정되었다. 결과적으로 국방비 규모가 15억 달러 내외일 때 P-3C를 운용하게 된 것으로 나타났다.

이상과 같이 양국 해군의 주요전력 운용시차가 점점 단축되고 있다는 것은 여러 가지 이유가 있겠지만 주요원인은 한국의 국방과학기술이 점점 발전해 가고 있다는 것이다. 군사협력의 조건 중 전력의 운용·정비능력이 유사하게 되어간다는 것은 협력의 촉진 요인이 증가되는 것으로 볼 수 있다. 더구나 주요전력의 공통성, 호환성은 협력 필요성이 배가(倍加)될 것이다. 그러면 해군 협력의 촉진 요인인 역사적 상호 관계를 분야별로 살펴보기로 하자.

나. 한·일 해군의 공통성과 상호 운용성

1) 임무의 공통성

동북아의 안보는 중국과 러시아, 그리고 북한의 군사적 결속 관계에 대응하여 한·일, 한·미 동맹 체제로 더욱 공고히 하고 있다. 물론 한·일 양국의 1차적인 군사위협은 북한의 핵과 미사일이다. 한국의 국방목표가 먼저 북한의 군사적 위협에 우선적으로 대비하고, 동시에 미래 잠재적 위협에도 대비한다는 것으로 북한 핵과 미사일을 최우선 대상으로 하였고,[326] 일본도 2008년 방위백서에서 동북아의 안보는 중국과 러시아, 그리고 북한의 군사적 결속 관계 대응과 2006년 7월 북한이 발사한 7기의 탄도미사일에 대하여 현실적인 위협이라고 재차 확인하고 이에 대응해 왔다.[327] 특히 일본은 이러한 북한의 위협에 대비하여 지상 주요기지에 PAC-3을 배치했고, 2007년 12월에는 하와이 앞바다에서 최종 탄도미사일 요격실험에 성공함으로써 완벽한 대비태세를 유지하고 있다.[328]

잠재적 위협이라고 할 수 있는 중국도 군사력을 대대적으로 증강하여 지구촌의 새로운 극을 형성하기 위하여 노력하고 있다. 해양대국으로 국가의 주권과 안전을 보위하고 해양권익을 보호하기 위해 강력한 해군을 건설하고 있으며 중국 해군력의 활동이 크게 증가하고 있는 현실이다(국방부 2008, 16~17).

중국에 비해 한국의 해군력은 상대적으로 매우 미약하다. 설령 먼 장래에 대양해군을 건설한다고 해도 단독으로 중국 해군에 대응할 수 있는 수준은 아니다. 제주도 전략기지 건설계획마저 NGO의 반대로 차질을 초래하고 있는 마당에 중국이 이어도를 공격한다면 우리 힘만으로 방어해 내기가 사실상 어렵다. 더구나 서해는 곧 중국 해군의 안방이 될 공산이 크다. 중국 항공모함이 한반도 근해에서 작전을 개시하면 한국의 방공식별구역(KADIZ)[329]은 그 기능을 상실하게 된다. 함정 탑재 항공기는 국제법에 따라 타국의 방공식별구역(ADI

---

326) 국방부. 「2008국방백서」. p.36.

327) 국방정보본부. 「2008일본방위백서」. p.194.

328) 위의 책. p.558.

329) 대한민국 국가안보상 항공기 식별, 위치 결정 및 관제를 실시하기 위하여 설정한 반공책임구역으로서 동 구역 내로 항적이 침투하거나 포착될 때 반드시 식별해야 함(공군본부 2006, 362).

Z)330)의 제약을 받지 않기 때문이다. 다만 연안국의 영해만 침범하지
않으면 된다. 우리의 영해는 12해리(22km)이고 부산 인근은 3해리(5.5
km)이다. 영해 바로 밖까지 접근하여 비행하는 중국 함재기(艦載機)에
대해 항의할 수가 없다.

일본도 중국의 부상을 현실적 위협으로 인식하며 우려하고 있다.
2004년 11월 중국 원자력 잠수함의 일본 영해 내 잠수항해사건, 2005
년 중국 해군 함정의 일본 주변 해역에서 해상훈련 및 정보수집 활동
사건, 중국 정부 선박의 일본의 배타적 경제수역에서 해양조사 활동
사건, 2006년 10월 쏭급(宋級) 잠수함이 키티호크 부근에서 부상한 사
건, 최근 최신형 군함 4척의 일본 영해인 쓰가루(津輕) 해협 통과 사건
등은 중국의 대양해군 추진의 일환으로 일본을 긴장시킨 사건들이다.

한·일 양국이 한·미 동맹과 미·일동맹을 자국 안보의 기둥으로
삼고 있는 상황에서 한·일 간의 안보협력은 불가피하다. 미국 역시
21세기 초반의 동북아 안보를 위해서는 한·일 간의 군사협력이 반
드시 필요하다는 입장을 보이고 있다.331)

물론 우리가 지금 현재 취해야 할 최우선 조치는 한반도 유사사태
가 절대로 발생하지 않도록 최선의 노력을 경주하는 것이다. 한반도
는 100여 년 전 청·일 및 러·일 전쟁에서 대륙세력과 해양세력 사
이에서 제3의 세력으로 그 완충지대적 역할을 다하지 못했을 때 식민
지로 전락332)하고 말았다. 한반도는 20세기 후반 동북아가 미국과 소

---

330) 항공기의 신속한 식별, 위치 확인 및 통제를 확실히 하기 위해 비행작전에 관련된 정확한 절차가 요구되
는 구역(공군본부 2006, 112).

331) 김봉섭, "한·일 해군 협력에 관한 연구". p.88.

332) 당시 일본의 대한제국에 무력진주(러·일 전쟁)는 청을 비롯하여 미국, 독일, 프랑스, 이태리로 하여금
한·일 합병을 용인케 하였음(브리태니커, 러시아 – 일본 전쟁의 의의).

련 대립구도 아래 있을 때 남북으로 분단되어 각각 그 전초기지 역할을 충실히 했듯, 21세기에 미·소를 대신하여 한·중·일 대립구도가 될 때에도 여전히, 그 새로운 전초기지가 될 수밖에 없을 것이라는 역사적 견해에 유념하여야 한다.

앞에서 언급한 바와 같이 양국에 대한 위협은 북한의 핵과 미사일뿐만 아니라, 중국의 막강한 군사적 우려도 곳곳에서 노정되고 있다. 역사적으로 일본은 '한국조항'에서 한국의 안보가 곧 일본의 안전임을 잘 인식하고 있으며 특히 동해와 남해 바다는 양국의 해상국경이 형성되어 있어 결국 많은 부분을 상호 간에 공유할 수밖에 없다. 따라서 공동의 임무수행은 선택의 여지가 없는 운명적 필연이라는 것을 인식해야 한다.[333]

2) 상호 운용성

가) 주요 무기체계

2000년 한국 해군이 KDX-Ⅲ급 구축함의 전투체계[334]를 선정하는 과정에서 여러 가지 상관요소를 고려했다. 논자는 당시 실무책임자로서 이와 같은 사업 추진의 중심에서 여러 가지 생각을 하였다. 무기체계를 선정함에 있어서 고려되는 요소는 먼저 작전운용성능(ROC)[335]이 기본적으로 충족되어야 하고, 다음은 가격문제 그리고 통

---

333) 오기평, 「한국외교론」(서울: 오름, 1998), p.235.

334) Combat System: 함정에 탑재된 장비로부터 획득된 모든 전술자료를 실시간 제공하여 지휘결심을 용이하게 하며, 효율적인 무장통제로 함정의 전투임무수행을 극대화하기 위한 통합된 무기체계(해군본부 2007, 483).

335) Required Operational Capability: 군사전략 목표달성을 위해 획득이 요구되는 무기체계의 운용개념을 충족시킬 수 있는 성능수준과 무기체계능력을 제시한 것으로서 주요작전 운용성능과 기술적·부수적 작전운용성능으로 구별되며, 이는 연구개발 또는 구매 무기체계의 획득을 위한 시험평가의 기준이 됨(해군본부 2007, 425).

합군수지원계획(ILS－P)과 같은 지원요소도 감안되어야 한다. 해군은 2000년 2월에 미국, 영국, 프랑스, 네덜란드 등을 대상으로 KDX－Ⅲ급 구축함 전투체계 선정을 위한 자료입수를 하였다. 당시 유럽에서도 미국의 이지스체계와 유사한 전투체계를 개발 중에 있었는데, 성능 면에서도 이지스체계 못지않았으며 무엇보다 가격 면에서 훨씬 저렴한 장점이 있었다. 하지만 막대한 비용이 투입되는 전력증강 사업에 검증되지 않은 무기체계를 선정하는 것은 매우 큰 부담이 될 수밖에 없었다.336)

무엇보다 이와 같은 첨단 무기체계를 확보함에 있어서, 군령337) 기관인 합참에서 관심 있게 고려한 요소가 연합작전 시 상호 운용성이다. 미·일 군사동맹에 근거하여 미국과 일본은 첨단전력의 기술교류에서부터 교육훈련, 연합작전에 이르기까지 밀접한 군사협력체제를 형성하고 있다. 한·미 군사동맹과 미·일 군사동맹이 더욱 공고히되어 동북아 안정을 위해, 환태평양훈련(RIMPAC)과 같은 한·미·일 등이 참가하는 연합훈련이 활성화되면 결국 한·일 간에 군사협력이 증가될 수밖에 없다. 신가이드라인에 의한 주변사태조치법을 시행할 경우 결국 한·일 간의 군사협력이 전제되어야 한다. 한국 해군이 보유한 주요 첨단무기체계는 이와 같이 연합작전의 상호 운용성이 고려되어 발전했다. 한국 해군의 핵심 항공 전력인 P－3C 해상초계기는

---

336) 미국은 1983년 최초의 Aegis 시스템을 탑재한 순양함 타이콘데로함을 취역한 이후 1991년 7월에는 DDG－51알레이 버크 구축함에 Aegis 시스템을 탑재하여 취역하기 시작했다. 따라서 한국 해군이 2000년 Aegis 구축함 전투체계를 선정할 당시 미국은 Aegis 체계를 전력화하여 20년 가까이 운용하면서 성능을 개선/발전시켜 왔고 유럽은 개발단계에 있었기 때문에 전투체계의 신뢰도 측면에서는 미국 Aegis 체계가 높은 점수를 받을 수밖에 없었다(김민석 외 2008, 157~165).

337) Military Command: 국방목표 달성을 위하여 군사력을 운용하는 용병기능으로서 군사전략기획, 군사력 건설에 대한 소요제기 및 작전계획의 수립과 작전부대에 대한 작전지휘 및 운용 등의 권한으로 통상 군령권이라 함(국방대 2005, 83).

일본 해상자위대에서 100여 대를 보유하고 있다. 해상자위대 P-3C
는 일본 열도에서부터 1,000해리(1,852㎞) 안의 바다에서 일본 열도나
함정을 공격하면, 자위대를 이용해 이를 박멸한다는 전수방위 개념의
핵심전력으로 운용되고 있다. 또한 수상전투에서 주 무장인 함대함
(艦對艦)유도탄은 양국 해군 공히 McDonnell Douglas Harpoon을 운용하
고 있기 때문에 상호 연합작전에 좋은 조건들이 되고 있다.

그 외에도 OTO Melara 포, 3MK 99Mod 1 MFCS의 사격통제장치
(Weapon Control) RCA SPY 1D 대공레이더(Air Search Radar) 등 많은 전
투 및 전투지원 장비가 동일하다.

결과적으로 양국 해군은 전후(戰後) 전력 확보를 미국 해군의 함정
공·대여로부터 시작하여 첨단 주요 무기체계까지 상당 부분 미국
해군과 유사하거나 동일하다. 이것은 양국이 미국과의 방위조약에 따
라 연합작전을 수행하기 위한 당연한 조건이라고 할 수 있다. 한·일
간 군사협력의 전제조건도 마찬가지이다. 양국 해군의 전투력 요소
중 주요 무기체계가 동일하다는 것은 그만큼 해군 협력의 촉진 요인
이 높다고 보아야 한다.

나) 미국 해군을 통한 연합작전 능력 함양

한·미, 미·일 안보체제를 기초로 하는 양국 간의 긴밀한 협력관
계는 동북아 지역의 평화와 안정에 필요한 미국의 관여를 확보하는
기반으로 볼 수 있다. 또한 이와 같은 체제는 미국과 지역 간에 구축
된 동맹,338) 우호관계와 맞물려 냉전 종결 후에도 지역 평화와 안정

---

338) 미국은 동아시아 지역에서 한국, 일본, 필리핀 등의 국가들과 동맹조약을 체결했다(백운봉 2005, 24).

확보에 중요한 역할을 담당하고 있다.

9·11테러 이후 국제테러 활동과 대량살상무기(WMD)[339] 확산 등 새로운 위협과 다양한 사태에 대한 관심이 한층 더 고조되고 있다. 이와 같은 상황에서 한·미, 미·일 안보체제를 기반으로 하는 양국 간 긴밀한 협력관계는, 국제사회가 안보환경을 개선하기 위한 협조적 노력을 효과적으로 진행하는 데 있어서도 중요한 역할을 담당한다. 국제사회의 평화와 번영은 한·일 양국의 평화와 번영과 밀접한 관계가 있다. 따라서 한·일 양국은 탁월한 국제적 활동능력을 보유하고 있는 미국과 협력하여, 국제적 안보환경을 개선하기 위해 노력함으로써 양국 간의 평화와 번영은 한층 공고해질 것이다.

위와 같은 국제적 안보환경 개선을 위해 양국은 미국과 적극적 군사협력 관계를 유지해 왔다. 초창기 창군단계에서부터 미군의 지원으로 군대의 면모를 갖추어 왔으며, 특히 창군 후 신식군대의 기본 지식이 없었던 한국 해군의 경우에는 임무수행을 위한 제반 교육훈련을 미군에 의존할 수밖에 없었다. 2차 대전 후 미국은 일본을 완전 무장해제 하여 두 번 다시 도발할 수 없도록 비군사화 정책을 견지하였으나, 긴박하게 변모하는 국제정세는 미국의 최초 의도와는 다르게 일본에 군사적 임무를 부여하게 되었다. 즉 전후(戰後) 동서 냉전체제가 형성됨으로 미국은 일본을 극동에서 소련의 견제세력으로 이용하게 된 것이다. 또한 1950년 6월 25일 한국전쟁 발발 후 일본에 주둔 중인 대부분의 미군을 한반도에 투입하게 됨으로써 일본 본토에는 전력의 공백이 발생했다. 이 전력공백을 메우기 위해 맥아더는 요시

---

339) WMD(Weapons Mass Destruction): 핵, 화학, 생물학 무기 등과 같이 대량살상 및 파기를 유발하는 무기의 총칭(해군본부 2007, 137).

다(吉田) 수상에게 경찰예비대 창설을 요청하게 되며 이 경찰예비대가 자위대의 모체가 되어 실질적인 재군비를 하게 되었다.

또한 일본은 미국의 요청에 의거하여, 1950년 10월 10일 소해정 20여 척의 특별 소해대를 한국전쟁에 파견하여 최초로 연합작전을 펼치게 되면서 사실 한국전쟁에서부터 미국 해군과 일본 해상자위대는 연합작전 능력을 향상시켜 왔다.[340]

지금도 미국 해군과 일본 해상자위대 간에는 매년 기지경비훈련 등 <표 3-13>과 같이 여러 종류의 연합훈련을 실시하고 있으며, 또한 격년제로 환태평양훈련(RIMPAC)에도 참가하여 미·일 간에 유사시 연합작전 능력을 향상시키고 있다.

〈표 3-13〉 미·일 해군 연합 훈련현황

훈련명	장 소	참가부대		비 고
		일 해상자위대	미 해군	
기지 경비 특별 훈련	요코스카 항	요코스카 지방부대 약 320명	미 해군 요코스카 기지 헌병대	기지경비훈련
위생 특별 훈련	요코스카 기지 내	요코스카 지방부대 등 약 50명	미 해군 요코스카 병원 등 약 100명	위생 훈련
소해 특별 훈련	휴가나다	함정 30척, 항공기 4기	수중파괴 요원 7명	소해 훈련
수송 특별 훈련	요코스카에서 스가루 만 해역	함정 1척	함정 1척	수송 훈련

자료 출처: 『2007 일본방위백서』

한국 해군도 1952년부터 미국 해군으로부터 군원유학을 이수해 왔고 1960년에 한·미 해상사격훈련을 시작으로 대잠수함작전, 상륙작전, 소해작전 등 각종 성분작전훈련을 한·미 연합으로 실시해 오고

---

340) 후지와라 아카리. 「일본 군사사(軍事史)」. p.322.

있으며 1990년도에는 환태평양훈련 참가를 시작으로 서태평양 잠수함 탈출 구조훈련, 서태평양 기뢰대항전 훈련 등을 통하여 그 범위를 확대하였고, 연합작전능력 향상을 위한 한·미 상호 간의 회의 및 방문을 수시로 실시하고 있다.

한·일 해군은 반세기 이상 미국 해군과 연합훈련을 실시해 왔고 그 범위가 점점 확대되고 있다. 지금까지 미국 해군을 상대로 추진되어 온 연합작전능력은 한국과 일본 간의 연합작전능력 구축에 튼튼한 기초가 되고 있다. 따라서 양국 해군이 실전에 대비한 연합훈련을 실시한다면 단기간 내에 목표수준에 도달할 것으로 판단되며, 결과적으로 미국 해군과의 연합훈련 경험은 양국 해군 협력에 중요한 촉진요소로 평가된다.

다) 국방비 최적화(最適化)에 기여

국방에 투입되는 자원은 대가 없이 생기는 것이 아니라 반드시 경제의 생산능력이나 사회복지의 희생을 요구한다. 따라서 국방비의 경제영향에 대한 이론은 부정론이 근본주의적 시각이라고 할 수 있다.341) 양국 해군의 창군과정과 변천사에서 이와 같은 논의가 곳곳에서 나타나고 있다. 한국 해군은 창군과정에서부터 재정적 어려움으로 인하여 역경을 경험했다. 양국 해군 모두 중·장기 방위력 개선 계획에서 상당부문 목표 연도 계획 달성을 이루지 못했으며 그 이유는 대

---

341) 우선 Smith(1980)는 14개 OECD 국가를 대상으로 케인즈 학파의 투자수요모델(Keynesian model of investment demand)에 기초해 시계분열식(1954~1973)을 하였는데 국방비 지출이 민간투자의 위축을 통해 경제성장에 부정적 영향을 미친다는 결론을 도출하였으며, 아르헨티나와 칠레, 파라과이, 페루 등의 군사독재체제국가를 대상으로 시계분열식(1969~1987)을 한 Scheetz(1991) 또한 국방비 지출이 민간투자에 부정적 영향을 미친다는 결론을 도출하였음(국방대 2005, 329).

부분 여러 가지 사정으로 인해 국방비가 충족되지 못했기 때문이다. 적정 방위비 기준을 선정할 때 국내외 경제적 여건보다는 국민들의 안보에 대한 시각과 관심이 중요하게 반영된다. 국방비가 '국민의 생명과 자산을 보호하기 위해 지출되는 비용'이라는 데 동의 한다면 '자산과 생명'보다 중요한 대상이 없으므로 국방비를 우선적으로 요구해야 한다. 그러나 현실은 국방비의 긍정적인 경제효과보다 부정적인 경제효과 영향으로 인하여 때때로 국가안보 우선 정책이 준수되지 못하는 경우가 있다. 그 이유는 국가의 입장에서는 안보와 경제의 두 마리 토끼를 잡아야만 하는 현실에서 균형을 유지하기 위해 노력하기 때문이다. 결과적으로 안보가 아무리 중요하다고 해도 무조건 충분한 예산을 배분하지 못하게 되어 있다.

따라서 이러한 문제점은 국가안보 개념이 자주국방 개념에서 지역안보 협의체 개념으로 변천됨으로써 상당부분 해결할 수 있게 되었다. 지구상에는 자국의 안보를 독단으로 지켜낼 수 있는 '완전 자주국방 형태'의 국가는 하나도 없으며 세계 유일의 초강대국인 미국도 예외는 아니다. 1991년 걸프전에서부터 2003년 이라크전쟁에 이르기까지 미국은 홀로 전쟁을 치르지 않고 우방국들과 함께 다국적군을 조직하여 전쟁을 수행하였다. 이렇듯 세계 각국은 어떤 형태로든 국제적 안보 협력을 통해 안보 비용분담을 추구한다. 한국과 일본의 경우는 공통적으로 자원빈국에 속하여 석유를 포함한 주요 전략 자원의 해외의존도가 높다. 따라서 경제성장을 지속적으로 향상시키기 위해서는 안보비용을 최적화(最適化)하는 전략이 필요하다.

우선 일본의 경제는 미·일 안보동맹을 통하여 전후(戰後)부터 지금까지 무임승차에 가까운 혜택으로 발전해 왔다. 일본이 전후 지금까지 미 · 일동맹의 안보 우산 속에서 GDP 1% 수준의 낮은 방위비만으로도 평화를 유지하고 있는 것은 어떤 면으로 일본의 지혜이다. 동 · 남해에서 한국과 일본의 방위임무를 동시에 수행할 수 있는 지리적 특성으로 양국 해군 협력은 안보비용을 절약할 수 있다. 한 · 일 해군 협력으로 방위비가 절약된다면 이것 또한 한국의 지혜이며, 또 다른 해군 협력의 촉진 요인이 될 것이다.

지금까지 양국 해군 변천역사를 근거로 협력의 '역사적 기원과 상호 관계'를 중심으로 분석 평가하였다. 이어서 이와 같은 분석 평가의 결과를 근거로 현상을 체계화하여 향후 협력의 범위와 방향을 제시하고, 이러한 촉진 요인을 기반으로 미래 양국 해군 협력의 발전된 목표를 제시한다.

4. 소결론

가. 협력의 역사적 촉진 요인

양국 해군의 변천역사에서 상호협력의 촉진 요인을 다음과 같이 도출하였다.

첫째, 양국 해군은 창군과정에서 동질성이 내재되어 있다. 한 · 일 해군은 창군 초기부터 미국 군정 통치의 영향으로 군의 제반 편성, 교육, 지휘체계 등이 유사하게 출발했다. 비록 미국 군정의 통제가 있긴 하였지만 창군준비 초기의 다수 함정세력이 구 일본 해군에서 인도되었으며, 한국 해군 조함의 효시(嚆矢)라고 할 수 있는 '충무공정'

도 골격은 일본 기술진에 의하여 만들어졌다. 또한 해방 후 함정에 대한 지식이 전무(全無)한 상태에서 일본 승조원으로부터 함 운용 전반에 관한 기술을 전수받았다. 결과적으로 초기 한국 해군은 일본 해군의 전력과 기술이 전수되어 기반구축을 할 수 있었으므로 한·일 해군은 태생부터 밀접한 관계가 있다.

둘째, 한국전쟁 참전을 통한 우호관계의 형성이다. 1950년 10월 10일 일본 특별소해대가 한국전쟁에 참전하였으며, 10월 17일 JMS-14호 소해정이 원산 앞바다에서 소해작전 중에 기뢰폭발로 침몰하여 사상자(사망 1명, 부상 18명)가 발생하였다. 또한 일본은 흥남철수작전에 수천 명의 승조원과 하역요원을 투입하여 전쟁의 후속작전을 원활하게 하였다. 소해대 참전 결정 시 요시다(吉田) 수상은 '국제연합에 협조한다'는 취지를 분명히 하였고 이 사건은 철저히 비밀로 유지되어 오다가 29년이 지난 1979년에 공개되어 사망자를 추서(追敍)하였다. 결과적으로 일본은 한국과 한국전쟁을 통하여 새로운 관계를 맺게 되었다고 볼 수 있으며 유엔군이라고 주장할 수 있는 근거를 남겼다. 그리고 이 작전은 세력의 규모와 역할 측면에서 큰 의미를 시사(示唆)하고 있다. 시항선과 순시선을 포함한 총 25척의 전력은 한국전 참전국 16개국 중 미국, 영국, 호주 다음으로 많은 전력이다. 특별소해대의 임무성과는 56일간 327km의 해로와 607㎢의 정박지를 소해하여 흥남철수작전과 연합해군의 해상작전을 원활하게 하였다. 당시 미 태평양함대사령부는 일본 특별소해대의 임무 평가에서 대원의 기량이 우수(good)하며 소해 작업은 만족(satisfactory)이라 하여 후속작전에 기여를 인정하였다. 따라서 특별 소해대 참전으로 인한 역사적 관계 형성은 기존 연구에서 주장한 상징적인 관계 이상의 의미를 부여할 수 있다.

셋째, 상호 임무의 공통성이다. 일본과 한국은 지정학적으로 주변 강대국이나 북한의 핵과 미사일로부터 위협이 일치하고, 남해와 동해라는 안보 공유영역이 존재한다. 일본은 '한국조항'을 통하여 또는 역사적으로 '한국의 안전이 곧 일본의 안전'임을 인식해 왔다. 이와 같은 임무의 공통성 안보환경은 양국이 연합으로 대응할 경우 방위비를 최적화(最適化)할 수 있다.

넷째, 적극적인 협력이 가능한 상호 운용성이다. 양국 해군은 일찍이 선진해군 전술을 배우기 위해 미국에서 군사교육을 이수해 왔고, 한·일 모두 미국과의 군사동맹체제 유지의 일환으로 미국 해군을 파트너로 오랫동안 연합작전능력을 배양해 왔다. 특히 일본의 경우는 한국전쟁에서 특별 소해대작전으로 일찍이 미·일 전시연합작전을 경험했다. 따라서 양국 해군은 연합작전을 위한 상호 운용성이 매우 높다고 보아야 한다. 또한 양국 해군은 이지스구축함, P-3 해상초계기, 유도탄 등 주요 전력이 상당부분 동일하거나 유사하여 연합훈련 등 협력 임무 수행에 효과적이다. 그리고 시대의 흐름에 따라 양국 해군의 전력운용 및 건조능력의 차이(gap)도 급격히 단축되어 가고 있음을 알 수 있었으며 이와 같은 요인도 상호 운용성의 긍정적 요인으로 평가된다.

위의 4가지 요소를 총체적으로 도식화 하면 <표 3-14>와 같이 정리할 수 있다. 도표에서 표시된 것과 같이 한국 해군은 1946년 이후 구 일본 해군의 영향을 받아 출범하게 되었고 구 일본 해군의 한국전쟁 참전으로 새로운 역사적 관계를 형성하여 비전투 분야 훈련 및 각종 교류를 통하여 발전하였다고 할 수 있다. 하지만 지금과 같은 양국 해군관계의 지속은 안보 목적의 협력관계로 발전할 수 없다. 따라서 안보중심의 미래 협력관계를 형성하기 위해서는 단순한 국익

의 차원을 넘어서 <표 3-14>의 과정과 같이 '역사적 기원과 상호
관계'를 기반으로 하는 깊이 있는 협력추진이 필요하다.

〈표 3-14〉 협력의 '역사적 기원과 상호 관계' 총람(總覽)

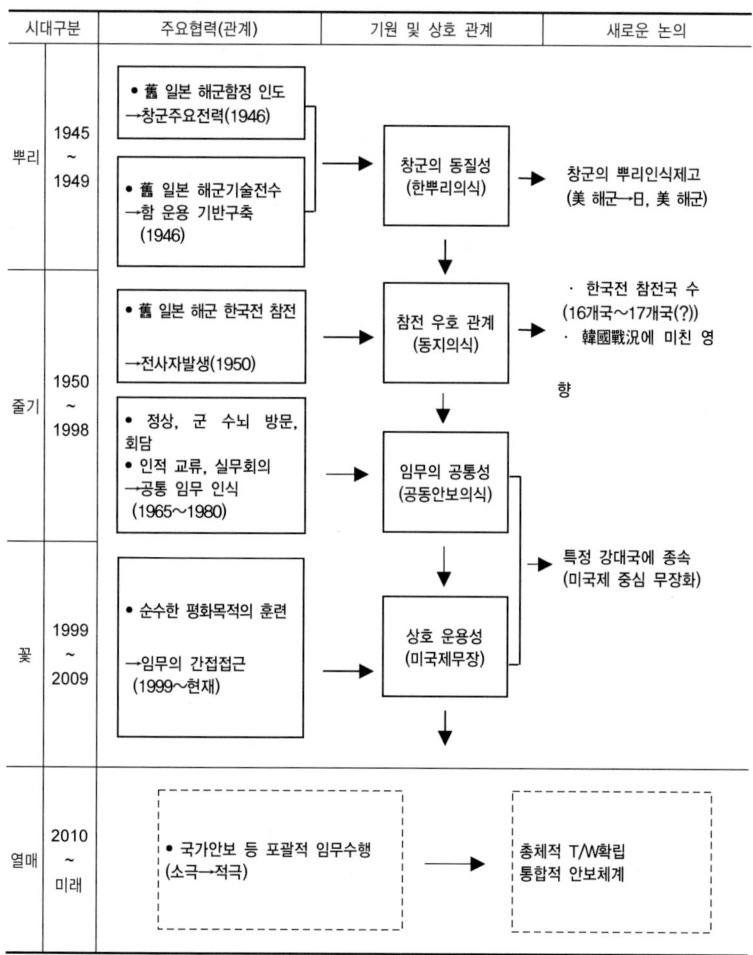

나. 역사적 촉진 요인을 기반으로 한 미래협력

한·일 양국은 15년 전 1994년 북한 핵 문제 대응에 공조체제가 필요함을 인식하고 이에 대한 군사교류 증진을 합의하였으나 후속진전이 없었다. 현재와 같은 협력 수준으로는 북한 핵과 미사일 등 1차적 위협이나 주변의 잠재위협에 대한 효과적 대응이 어렵다. 물론 중국을 포함한 주변 강대국의 외교적 영향도 무시할 수 없지만, 국가안보의 대원칙은 1차적으로 우리의 생존을 보장하고 다음으로 다른 요소를 고려해야 함이 정도이다. 따라서 현재의 한·일 해군 협력 실태를 평가하여 새로운 안보환경에 부합하는 협력관계 발전이 시급한 사안이다.

이와 같은 문제인식에서 한·일 양국 관계 형성의 장애가 되고 있는 역사인식을 재조명하고 협력의 역사적 촉진 요인을 도출하였다. 한 단계 발전된 협력의 촉진 요인은 양국 해군의 역사적 기원과 상호관계를 근거로 하였다. 한·일 양국 간 군사협력관계는 지엽적이긴 하나 창군단계(創軍段階)부터 진행되었다고 볼 수 있다. 전후(戰後) 일본 해군이 사용하던 시설과 다수 함정을 인수받고 기술을 전수하여 창군준비를 하였고 무엇보다 일본의 한국전쟁 참전은 양국 관계 발전을 위한 과거사 인식전환의 교두보가 될 수 있다. 한국전쟁의 참전과 지원은 미국 해군의 역경을 극복하게 하였으며 결과적으로 전쟁 상황 반전에 기여하게 되었다. 지금까지는 기뢰폭발사고로 인한 재산과 인명의 손실을 상징적인 참전으로 인식하여 왔으나 구 일본 해군의 한국전쟁 기여도를 고려할 때 의미 있는 역사적 사건으로 재인식할 수 있게 되었다. 이러한 역경 속의 양국 관계 동질적 요소들은 미래 협력의 튼튼한 기반이 될 수 있을 것이다.

또한 역사적으로 한·일 양국은 한국의 안전이 곧 일본의 안전임을 인식해 왔다. 특히 과학기술의 발달로 전쟁영역이 확대된 현대전의 경우에는 유사시 양국은 동해와 남해를 공유할 수밖에 없다. 한국전쟁 참전도 일본 입장에서는 임무의 공통성에 따른 당연한 의사결정으로 볼 수 있다. 따라서 임무 공통성에 대한 양국의 관심은 점점 부각될 것이다.

그리고 한·일 양국은 창군과정부터 미국 군정 통치하에서 직·간접적으로 미국의 영향을 받아 왔다. 미국과의 안보동맹체제로 인한 미국으로부터의 군사교육과 미국 해군과의 연합훈련 그리고 동종의 주요무기체계 보유 등은 상호 운용성을 더욱 향상시켰다. 이러한 '역사적 기원과 상호 관계'는 양국협력의 촉진적 요소로서 새로운 관계 발전의 기반이 될 수 있다.

이와 같은 협력의 역사적 촉진 요인은 한·일 양국 간의 온통 부정적인 과거역사의 일부분에 해당된다고 볼 수 있지만 긍정적인 부분을 발굴해 냈다는 점이 의미가 있으며, 이것이 향후 양국 관계 발전을 위한 교두보(橋頭堡)가 될 수 있다고 본다.

그러면 향후 한·일 해군 협력 관계를 어느 단계까지 발전시켜야 하는가? 현재의 수준은 '평화목적의 협력'으로 군사협력 이론의 형태 분류에서 '군사교류와 군사협조의 중간 수준'에 머물고 있다. 따라서 양국 해군이 첨단전력을 보유하고 여건이 성숙된 지금은, 단순한 인도적 상호지원 혹은 임무수행을 위한 사전준비 수준 즉 '평화목적의 협력 수준'을 벗어나서, 실질적인 '국가안보를 위한 상호 협력 수준'으로서, 군사협력 형태로는 '군사협조와 군사동맹의 중간수준'으로 한 단계 발전된 협력 추진이 필요하다.

향후 해군 협력은 그 범위도 군사영역에서 해로안보(海路安保), 해양환경 보호, 첨단 군사기술교류 등 포괄적 안보영역으로 확대하여 동북아 안보의 중심적 역할을 할 수 있는 군사협력 관계 발전이 요망된다. 이러한 비군사적 경제안보 영역의 협력도 개별국가의 한정된 힘이 결집되어 큰 힘을 발휘하는 집단안보이론의 효과를 기대할 수 있다.

이지스함 시대를 함께하는 한·일 해군은 동북아 안보를 위해 그 위상에 부합하는 역할을 해야 한다.[342] 즉 한·일 양국은 새로이 대두된 북한 핵과 미사일의 위협 그리고 주변국의 부상에 대비하여 한 단계 발전된 협력체제를 구축하는 것이다. 막대한 국고(國庫)를 투입하여 확보한 양국 해군의 첨단전력은 미사일방어(MD)체제 구축 등 국가안보를 위한 핵심적 역할을 해야 한다.[343]

이와 같은 일본과의 군사협력 관계는 추후 동북아 다자안보협의체 구성의 시작 단계로, 쌍무협의체로 출발하여 단계적으로 참가 국가를 확대해 나가는 개념이다. 이 같은 안보체제 개념은 지구촌의 안보가 미·소 중심의 동서냉전이 종식된 이후 미국 중심의 단극체제에서 점진적으로 지역 중심의 안보협의체에 의존하는 현상변화의 일환이라고 볼 수 있다.

이상과 같은 개념에 따라 추진되는 새로운 협력은 양국의 현안을 우선으로 해야 한다. 따라서 다음은 이를 구체적으로 실천하기 위한 양국 해군이 공통으로 인식하는 시급한 현안에 대하여 발전방안을 제시한다.

---

342) 조선일보 기자가 세종대왕함 취역 시 "이지스 한 척에 이렇게 가슴이 벅찬 까닭", "현대해전에 이지스 없는 해군은 무의미" 등의 제목으로 이지스함정의 우수성을 기사화한 이유는 바로 여기에 있을 것이다 (조선일보 2007.5.18, 5.28).

343) 적 전투기는 세종대왕함의 다기능 위상배열레이더와 SM-2미사일에 걸리면 빠져나갈 수 없고, 강력한 SPY-1D(V)5 이지스 레이더는 북한의 탄도미사일을 추적할 수 있고 SM-6미사일을 탑재할 경우 요격까지도 가능하며, 함대지(艦對地)미사일 천룡(天龍)은 사정거리 500km로 중부권에서 발사해도 북한의 후방지역 노동미사일 등 전략표적을 정밀 타격할 수 있고, 사정거리 120km의 유도포탄(ERGM)으로 적 해안을 타격하여 상륙군을 지원할 수 있음. 즉 이지스구축함은 이와 같이 중요한 역할을 수행할 수 있는 조건 구비(김민석 외 2008, 277).

IV.

미래 한·일 해군 협력의 전제조건과 발전방안

1. 한·일 해군 협력의 전제조건

양·국 해군 간에 한 단계 발전된 양국 해군 협력이 추진되기 위해
서는 다음과 같은 전제조건이 선행되어야 한다.

첫째, 역사적 촉진 요인을 양국 국민이 공통적으로 인식해야 한다. 단
편적인 필요성에 의해 형성된 협력관계는 쉽게 단절될 수 있다. 한·일
해군 협력이 안정적이고 튼튼한 관계로 지속되기 위해서는 필연이라
는 역사적 인식이 근간이 되어야 한다. 멀지 않은 장래에 한·일 양
국에 북한의 안보위협이 소멸되었을 경우 현재와 같은 안보협력이
계속 유지된다는 보장을 할 수 없다. 따라서 한·일 양국의 협력은
상황 변화에도 흔들리지 않도록 역사적 동질성을 공유하는 협력관계
를 형성해야 한다. 이를 위해 양국 해군은 변천역사 속에서 형성된
협력의 '역사적 기원과 상호 관계'를 정확히 인식하고 상부상조의 정
신으로 미래를 대비하는 자세가 필요하다.

둘째, 한·일 협력에 대하여 주변국의 우려를 불식해야 한다. 중국
이나 러시아가 '한·일 해군 협력이 결국 자신들을 주적(主敵)으로 하
고 있다'고 인식할 수 있는 것이다. 역내에서 한·미동맹, 미·일동맹
의 틀 위에 또다시 한·일동맹과 같은 군사협력이 이루어진다면 중

국과 러시아, 북한은 안보유지가 강화될 수 있다.[344] 즉 중국은 한·일 양국을 견제하기 위해 '강력한 러시아'를 내세우고 있는 러시아와 손을 잡고, 전통적으로 우호관계인 북한과도 결속하여 한·미·일 3국에 대항할 가능성이 크다. 이렇게 된다면 이는 또다시 냉전기 구도로 되돌아가는 것이며 동북아 평화와 번영에 도움이 되지 않는다. 따라서 한·일 양국은 주변국들의 우려를 불식시키기 위해 한·일 해군 협력의 개방성과 투명성을 분명히 해야 하며 한 단계 발전된 한·일 해군 협력이 성공하기 위해서는 현재 진행 중인 중국과 러시아와의 쌍무적 해군 협력도 병행해서 적극 추진해야 한다.[345] 그러면 주변국들도 이 협력이 동북아 안정을 위한 다자간 협력의 전초단계라고 인식하게 될 것이다.

셋째, 평화적인 영역부터 단계적으로 안보영역까지 확대 추진해야 한다. 집단적 자위권을 부정하는 현행 일본 평화헌법의 제약과 양국과의 군사일체화[346]를 우려하는 시각을 고려하여, 비전투 분야부터 점진적으로 확산시켜 나간다. 지금까지 인사교류, 함정의 상호방문, 학술교류, 인도적 분야 훈련 등을 차근차근 추진해 왔으며 현재까지 진행된 교류는 안보임무를 수행하기 위한 준비단계라고 할 수 있다. 따라서 한 단계 발전된 협력은 비전투 분야에서부터 안보중심의 협력으로 발전되어야 한다. ① 광의의 해군 임무인 천재지변, 환경파괴

---

344) 2000년 5월 김정일 국방위원장이 중국방문에 이어 2000년 7월에 푸틴 러시아 대통령이 북한을 방문한 사례(김봉섭 2000, 114).

345) 주변 4강과의 적극적인 쌍무적 협력 추진 기조 즉 "한미 동맹을 기반으로 일본, 중국 및 러시아와의 협력적 군사관계를 증진하여 한반도 및 동북아 지역의 평화와 안정을 위한 기반을 조성" 하는 현재의 군사외교 방향과 크게 다르지 않다(국방부 2008, 96).

346) 군사일체화는 단순한 군사협력의 범위를 넘어서 동맹형태보다 발전된 block화(한 덩어리)된 형태를 의미함(http://cafe.daum.net/koreanunification/DGdg/94: '09.7.21.).

등 재앙에 대한 공동대응이다. 동해와 남해를 공유하는 양국 해군은 이와 같은 재난이 해상에서 발생했을 경우 공동으로 대응하는 것이 효과적이다. ② 최근 국제적 관심사로 대두된 해적 등 해상테러에 대한 공동대응이다. 한·일 양국은 공히 자원의 해외의존도가 높으며 특히 대부분의 원유를 중동으로부터 공급받고 있다. 따라서 중동-말라카-남지나에 이르는 해상수송로(SLOC) 보호문제는 국가 사활이 걸린 중대한 문제이나 독단으로는 방어할 수 없다. 현재 소말리아 해역에서 한국의 청해부대[347]를 포함한 다국적 해군이 해적소탕작전을 수행하는 것이 해상수송로(SLOC) 보호의 일환이다. 이와 같은 협력은 평화적 임무수행이므로 특별한 걸림돌이 없을 것이다. ③ 최첨단 기술은 신속성 및 정확성을 바탕으로 하는 현대전의 승패를 결정한다. 이라크전쟁에서 위력을 발휘했던 이지스구축함이나 토마호크 미사일 등이 일본의 기술협력 없이는 그 기능을 발휘할 수 없었다고 한다. 첨단 무기체계를 보유한 현대해군은 기술력이 무엇보다 중요하며 특히 한국의 입장에서는 일본과의 [348]기술교류가 시급하다. ④ 군사적 공동 위협에 적극적 대응체제 구축이다. 공동 위협에 대한 적극적인 대응이 한·일 해군 협력을 해야만 하는 궁극적인 목적이라고 할 수 있다. 국가안보[349]는 추호도 소홀함이 없어야 하며 한 치의 양보도 용납할 수 없다. 한국 해군이 보유한 첨단전력의 능력을 최대한 발휘

---

347) 2009년 3월 3일 대한민국이 소말리아 해상에서 한국 선박들을 해적들로부터 보호하기 위해 창설한 부대로서 청해부대의 첫 번째 함정은 4,500톤급 DDH-967 문무대왕함으로 대잠헬기 슈퍼링스 1대와 특수전 요원 UDT/SEAL으로 꾸려진 검문검색팀 30명 등 모두 300여 명의 장병으로 구성됨(조선일보 2009.3.4.).

348) 김경민. "한·일 군사협력: 군사 기술 교류 시급하다", p.35.

349) 군사, 비군사에 걸친 국내외로부터 기인하는 각종 양상의 위협으로부터 국가목표를 달성하는 데 있어서 추구하는 제 가치를 보전, 향상시키기 위해서 정치, 외교, 사회, 문화, 경제, 과학기술에 있어서 제 정책체제를 종합적으로 운용함으로써 기존의 위협을 효과적으로 배제하고 또한 일어날 수 있는 위협의 발생을 미연에 방지하며 나아가 발생한 불의의 사태에 적절히 대처하는 것(국방대 2005, 11).

하여 국가를 안전하게 보호해야 하는 것이 해군의 사명이다. 한·일 해군 협력의 여러 가지 장애요소를 하나하나 해결하여 최종적으로 공동 위협에 슬기롭게 대응할 수 있는 협력체제를 구축해야 한다.

2. 한·일 해군 협력의 분야별 발전방안

가. 공동 위협에 적극적 대응

1998년 8월 북한의 대포동미사일 발사 또는 북한공작선의 영해침범('93.3.) 등에 의해 일본의 안전보장이 북한에 의해 직접위협을 느끼게 되었으며, 이러한 위협에 일본이 적극적으로 대처해야 한다는 암묵적 합의가 생겼다. 특히 2006년 10월 9일 1차 핵실험과 2009년 5월 25일 2차 핵실험 이후 북한의 핵 및 미사일에 대한 위협은 심각한 상황으로 인식되고 있다. 일본은 '북한이 목표로 하는 것은 한반도에서 군사적 승리가 아니라, 주변지역에 있는 상대방 국가를 곤란하게 하여 유리한 거래를 이끌기 위한 수단으로 군사적 방법을 동원하는 형태로 바뀌었다'고 보고 있다. 북한의 대포동 발사에 대해 일본은 '일본의 안전 보장에 직접 관계되는 것으로 매우 우려할 사태'로 받아들였다. 일본 정부는 대포동 미사일 발사를 계기로 1998년 12월 일본의 안전보장에 필요한 정보 수집을 목적으로 정보수집위성을 도입할 것을 내각에서 결정하였다.

이와 같이 북한 미사일 위협에 대하여 일본은 적극적인 미사일방어(MD)[350]체제의 구축을 착실히 추진해 왔다. 미사일방어는 기본적으로 방어적 성격을 가지고 있어 평화헌법에 저촉되지 않고 특히 미국의 적극적인 제안이 있었으며 현실적으로 가장 적합한 대응수단이다. 이미 2002년 12월 이시바(石破) 당시 방위청장관은 럼스펠드(Rumsfeld) 장관에게 미사일 방어의 개발 및 배치를 염두에 둔 검토를 할 것임을 전하였고, 2003년 5월의 미·일 정상회담에서 고이즈미(小泉) 전 총리는 미사일방어 도입검토를 가속화하기로 하였다. 이와 관련하여 방위청은 미사일방어가 북한 노동미사일 대처에 유용하다는 결론을 국회에 보고한 바 있다.

일본 해상자위대는 2007년 12월 18일 하와이 앞바다에서 미사일방어 요격실험을 실시했다. 미국 이외의 국가가 해상에서 미사일방어 요격실험을 실시한 것은 일본이 처음으로 일본 본토 미사일방어 시스템의 본격가동을 의미한다. 일본 해상자위대 이지스함 '콩고'는 이날 <그림 4-1>과 같이 북한이 일본을 향해 발사하는 것으로 상정한 탄도미사일을 함대공(艦對空) 미사일인 스탠더드 미사일(SM-3)로 요격하는 실험을 했다.

미군이 수백 킬로미터 떨어진 곳에서 발사한 표적용 중거리 탄도를 추적해 고도 100㎞ 이상의 대기권에서 요격시키는 내용이다.

---

350) 2001년 부시행정부에 의해 발표된 미사일방어 구상. 적성국의 미사일 위협으로부터 미국 본토, 해외주둔 미군 및 우방국을 보호한다는 전 지구적 방어개념으로 NMD(미국 전역을 방어)와 TMD(미국과 동맹국을 방어)를 통합한 미사일방어체계(국방대 2005, 550).

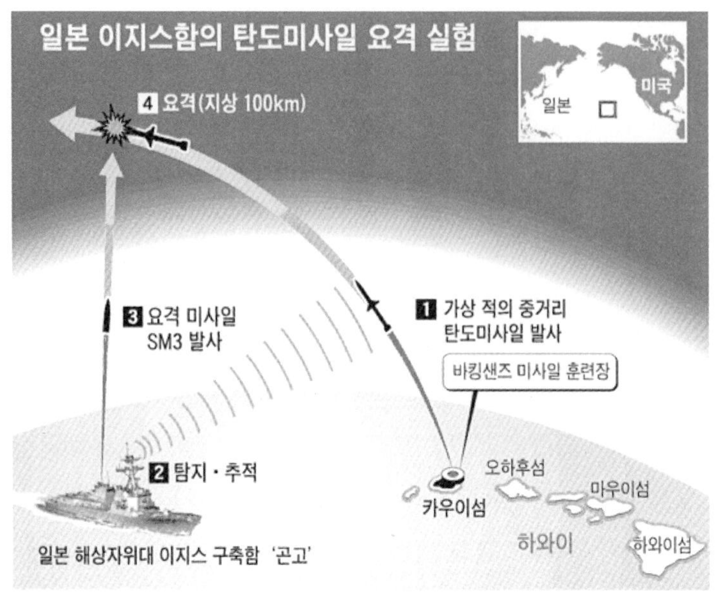

자료출처: 『조선일보('07. 12. 18)』

〈그림 4-1〉 일본 탄도미사일 요격실험

미·일 양국은 실험의 성공을 위해 11월 레이더 추적실험을 실시하는 등 공동훈련을 반복해 왔다. 일본 방위성은 이를 계기로 SM-3을 실전 배치하고 동해에서 미국 해군과 미사일방어 공동훈련을 실시하는 등 본격적인 미사일방어 운용단계에 진입하였다.

일본의 새로운 방위정책은 미·일동맹의 재편과 맞물려 진행되고 있지만, 새로운 방위정책에서 제기하고 있는 대량살상무기 확산, 테러, 게릴라 침투 등의 새로운 위협은 결국 북한에 의해 촉발되고 있다. 그러나 일본 국민의 인식은 북한의 핵무기·탄도미사일 개발, 북한 공작선 침투 등을 계기로 이러한 위협에 대처하기 위한 군사정책과 군사력이 필요하다는 쪽으로 크게 변화되고 있다고 볼 수 있다.

1993년 3월 북한의 핵확산금지조약(NPT)[351] 탈퇴 이래 북한이 보여 온 핵무장에 관한 움직임은 미사일 실험과 공작선 침투와 맞물려 일본에게 상당한 위협으로 비추어지고 있다.

한국도 일차적으로는 북한 핵을 평화적으로 해결하기 위한 노력을 경주해야만 한다. 만약에 북한 핵이 평화적 해결에 실패하여 핵보유가 기정사실화된다면 '핵은 핵을 사용함으로 핵전쟁 억지가 가능하다'는 원칙에서 정책적 접근을 하는 것이 바람직하다. 우선 1차적으로 2009년 6월 18일 한·미 정상회담에서 명문화한 핵우산 공약을 적극 추진해야 한다.[352] 나아가 자주적 핵 능력 확보와 아울러 일본과 같이 미사일방어 능력을 구비하여 북한의 위협으로부터 국민의 재산과 생명을 보호해야 한다.[353]

한국 해군은 2008년 상반기에 취역(就役)한 KDX-Ⅲ 1번함(세종대왕함)을 포함하여 2012년까지 건조된 총 3척의 한국형 이지스구축함에, 북한의 탄도미사일을 조기에 요격할 수 있는 미국제 SM-6 미사일을 탑재한다.[354] 또한 국산 첫 이지스함인 세종대왕함이 실전 배치됨에 따라 탄도미사일 요격훈련과 장거리 정밀타격훈련을 공식화하고 있다. 탄도미사일 요격훈련의 경우 어떤 형태로든 미군의 지원·협조가 불가피하다. 북한의 핵과 미사일이 현실적 위협으로 대두된 상

---

351) 정식 이름은 '핵무기확산방지조약(Treaty on the Non-Proliferation of Nuclear Weapons). 핵보유국이 핵무기, 기폭장치, 그 관리를 제3국에 이양하는 것과 비핵보유국이 핵보유국으로부터 핵무기를 수령하거나 자체 개발하는 것을 막기 위한 조약. 한국은 1975년 4월 23일 86번째로 비준국이 되었으며, 북한은 1985년 12월 12일에 이 조약에 가입했다가 1993년 3월 돌연 탈퇴를 선언해 전 세계를 놀라게 하였음. 현재 NPT 서명국은 185개국임(브리태니커).

352) http://knsi.tistory.com/190?rchid: 검색일 '09.7.17.

353) 2009년 5월 25일 북한의 2차 핵실험 후 개최된 국방위원회에서 이상희 전 국방부장관은 "북한이 핵을 보유했다면 우리도 핵으로 대응하는 게 기본"이라고 발언함(CBS 2009.8.4.).

354) 「동아일보」, 2008일 1월 21일.

황에서 미사일방어체제 참여에 대한 논란을 우려하는 것은 안일한 대응이라 생각된다.

양국은 이상과 같은 북한 핵과 미사일 위협에 대하여 대응책을 통합하고 협력함으로써 대응 능력의 승수효과[355]를 거둘 수 있다. 일본은 미국의 미사일방어체계에 적극 참여하여 현존위협에 대한 대응책을 강구하였다. 일본의 미사일방어 참여에 대한 주변국의 반대도 한국의 경우와 동일하였으며 자국의 안전을 우선하는 것이 방위정책의 정도(正道)이다.

한·일 양국은 집단안보 이론을 근거로 상호 간에 생존권을 보장하기 위하여 다음과 같은 대북위협 상호협력체제를 구축한다.

먼저 미·일 미사일 방어 체제에 가입하여 공조체제를 유지한다. 한국이 취약한 첨단정보체계를 공유토록 하고 이지스함에 탑재된 SM-2 블록Ⅲ A와 B 미사일은 우선 고고도 요격이 가능한 SM-3나 원래 지상용인 PAC-3로 교체하며 나아가 SM-2 블록Ⅳ을 확보하여 설치한다.[356]

둘째, 한국은 일본과 협조하여 정보 수집 및

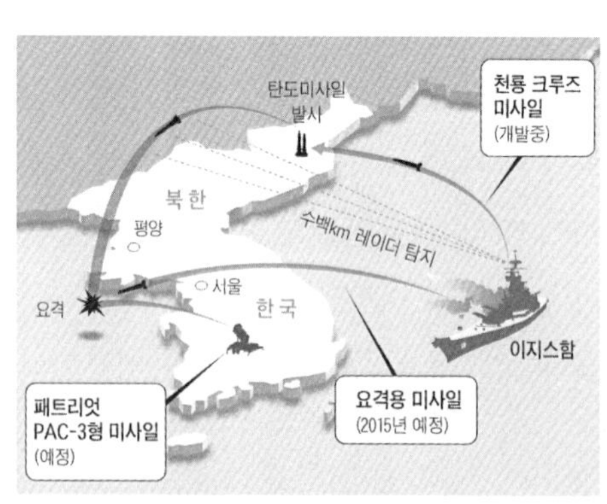

〈그림 4-2〉 한국MD체계 개념도

---

355) 경제 현상에서 어떤 경제 요인의 변화가 다른 경제 요인의 변화를 유발하여 파급적 효과를 낳고 최종적으로는 처음의 몇 배의 증가 또는 감소로 나타나는 총 효과(표준국어대사전).

356) 군 당국이 탄도미사일 요격용으로 SM-6와 SM-2블록Ⅳ 대공미사일을 검토하고 있으나 SM-6대공미사일은 산탄형이어서 탄도미사일에 명중해도 파괴될 가능성이 낮다고 평가됨. 요격 능력을 보유한 SM-2블록Ⅳ 대공미사일은 생산물량 제한으로 해외 판매가 어려운 점을 고려하여 일단 고고도 요격 능력이 있는 미사일을 확보하려는 입장임(중앙일보 2009.7.21.).

분석능력을 대폭 강화한다. 합참 정보본부 기능을 보강하고 북한의 움직임에 대한 조기감시 체제를 대폭 강화하며 이는 미사일 방어 (MD)체제와 연동하여 발전시킨다.

셋째, 양국 협조로 적극적인 방어의 일환(적극적인 MD의 단계)인 북한 미사일기지의 선제공격능력을 구비한다. 최근 북한은 오키나와를 포함한 일본 내 미군 기지를 공격할 수 있는 중거리 미사일 전력 구축에 노력을 기울이고 있다. 북한과 인접한 한반도 남쪽(南韓)의 경우 반응시간이 매우 짧기 때문에 확신 공격의도를 인지한 경우에는 우리의 안전을 위해서 적극적 방어 외에는 특별한 방법이 없다.

안보위협에 대한 군사대비는 추호도 소홀함이 없어야 한다. 한·일 양국의 일차적인 안보위협이 북한의 핵과 미사일이라면, 이를 대응하기 위한 수단 강구에 대하여 빈틈이 없어야 한다. 물론 국익이라는 큰 틀에서 다각적으로 평가하여 최선의 방안을 선택해야 하지만 지금까지는 주변국의 우려에 과민 반응하는 경향이 있었다. 완벽한 안보를 최우선으로 하는 정책이 당당하게 추진된 다음 고려해야 하는 요소가 국익과의 관계이다. 따라서 안보의 위협에 대응하기 위한 미사일방어체제 참여, 핵 주권 확보 등은 전향적으로 접근해야 한다. 이상 제안한 대응책이 구비되면 남·북 간에 형성된 군사력의 불균형을 세력 균형화하게 되며 집단안보의 목표인 분쟁 방지에 기여하게 될 것이다.

이와 같은 군사협조체제를 구축하기 위해서는 사전 미국과의 협조, 일본 평화헌법의 제약, 국민적 공감대 형성 등 많은 문제가 해결되어야 하며 적절한 군사협력 실무위원회를 구성하여 단계적으로 하나씩 풀어 나가야 할 것이다.

나. 해로안보에 능동적 대응

16세기 영국의 엘리자베스 여왕시대의 롤리(Walter Raleigh) 경은 "바다를 지배하는 자(者)는 상업을 지배하고 상업을 지배하는 자는 세계를 지배하는 것이다."라고 하였다. 고대에서 현대에 이르기까지 지배의 개념은 변화되고 있지만, 바다를 효과적으로 지배하고 또 지배할 수 있는 능력을 가진 국가만이 부강한 국가로서 국제무대에서 번영을 누려 왔음을 역사는 증명하고 있다.[357]

해로안보 상황에 슬기롭게 대비하기 위하여 동아시아의 거의 모든 국가들은 해군력을 증가시키고 있다. 그 이유는 협력의 필요성에서 시사했듯이 이들 국가들은 자국으로 향하는 해로의 안전을 확보하기 위해서는 해군력이 가장 효과적인 군사력이라는 점을 인식하고 있기 때문이다. 그러나 어느 국가나 막대한 예산이 소요되는 첨단 해군력을 충분히 보유할 수 없다는 것이 현실적 문제이다. 각 국가의 선박이 항행하는 해로를 자국의 해군전력만으로 안전 확보를 한다는 것은 거의 불가능하다. 그리고 해로안전과 안보를 위협하는 요인들은 본질적으로 그 특성상 초국가적 성격(transnational character)을 띠고 있으므로 이러한 위협들에 대처하기 위해서는 지역 차원에서 관련 국가들과 협력하는 다자간 접근 방법을 강구해야 할 필요가 있다.

일본의 해양안보 전문가 가와무라 수미히코(Kawamura Sumihiko) 예비역 제독이 제안한 것처럼 동아시아 지역을 소구역으로 분할하여 미국이 전략적으로 중심이 되고 한국을 포함한 지역 국가들이 각 소

---

357) 김현기, 「국가경제와 해양안보」(서울: 한국해양전략연구소, 1999), p.174.

구역의 해로안보를 담당하는 것도 하나의 방법론이 될 수 있다.[358] 특히 해적행위·해양테러리즘과 같은 위협에 대한 대응은 어느 한 국가의 힘으로 해결하는 것보다는 다른 관련국들과 함께 지역적·다자적 차원에서 협력할 때 더 큰 효과를 거둘 수 있음을 감안하여 지역협력이 절실히 요구되고 있다. 최근 동아시아 지역에서는 지역 차원으로는 처음으로 역내 국가 간 정보공유와 형사사법공조를 주요내용으로 하는 '해적행위 및 선박에 대한 무장 강도행위 퇴치를 위한 지역협정(ReCCAP: Regional Cooperation Agreement on Combating Piracy and Armed Robbery Against Ships in Asia)'이 체결되었는바 이러한 다자간·지역적 접근방법은 초국가적 성격을 띠고 있는 해로안보 위협요인들에 대한 적절한 대응방법이 될 것이다. 따라서 한·일 양국 해군은 차후에 ReCCAP를 군사적 차원에서 실천하기 위한 구체적인 협력체제를 결성해야 할 것이다. 한국은 반도국가이지만 북쪽으로 지상교류가 단절되어 있기 때문에 섬 아닌 섬나라로서 부존자원이 제한되어, 해외 의존도가 높은 일본과 유사한 지리적 조건을 갖고 있다. 중동에서 말라카 해협을 경유하는 원유수송로는 해상치안이 불안한 지역이다.

앞에서 언급한 바와 같이 여러 가지 이유로 각국은 해군력을 증강하고 있지만 해군력 건설과 유지에 막대한 예산이 소요되는 현실로 인하여 필요충분의 전력을 확보하지 못한다. 또한 한 국가가 전 해양과 수송로(SLOC)를 보호할 수 없다는 것도 주지의 사실이다. 따라서 유사한 여건에서 양국 간 공동의 목표를 달성하기 위한 해로안보협

---

358) 이서항. "한국의 해로와 해로안보", p.105.

력체제는 특별한 의미가 있다고 생각되어 다음과 같이 구체적인 해로안보협력체제 추진방안을 제안한다.

첫째, 해로안보업무추진을 위한 협의체를 구성한다. 한국 해군과 일본 해상자위대 간 해군력을 이용한 해상치안 유지에 관련된 각 조직의 대표를 위원으로 하고, 양국 해군(해상자위대) 정보작전(지휘통신) 참모부장을 위원장으로 하는 협의체를 구성한다.

둘째, 해로안보 관련 정보를 공유한다. 정기, 수시 상호 간 정보교류 회의를 실시하여 항상 해로안보 관련 정보를 공유할 수 있도록 한다. 현재 양국 해군 사이에 설치된 직통전화망(hot-line)을 활용하여 해로안보 관련 수시정보를 교류한다.

셋째, 양국 해군기동부대(훈련부대) 세력을 이용하여 기본 임무에 부가하여 해상치안 임무를 병행하는 '해로안보 공동경비계획'을 수립하여 추진한다.

넷째, 소말리아 해역에서 양국 선박 안전을 공동 보호한다. 현재 소말리아 해역에 파견된 양국 해군부대359)는 별도의 양국 해군 협조체제를 구축하여 양국 선박의 항행정보 공유 및 상호 간에 효과적인 지원방안을 강구한다.

해양문제는 근본적으로 국제적 성격을 띠고 있으며 해군 및 해양경찰의 활동은 관할권 문제에 따른 지리적 한계를 수반하고 있다. 따라서 지역적으로 해로안보 및 안전 확보를 위한 관련국과의 튼튼한 동맹관계 유지 및 국제 협력은 그 중요성을 아무리 강조해도 지나치

---

359) 2009년 3월 14일 일본 서부의 히로시마켄의 구레 항에서는 해상자위대의 호위함 DD-106사미다레와 DD-113 사라나미가 소말리아로 파견되는 출항식이 거행됨. 하다마 야스카즈 방위상은 기자 회견을 통해 '일본 국민의 재산을 보호하는 것은 정부의 중요한 책무이며 난간을 극복하고 해상 교통의 안전을 확보할 것'이라고 강조함(http://blog.daum.net/extream7/9521?srchid: 검색일 '09.11.19.).

지 않을 것이며 한·일 양국 관계도 예외일 수 없다.

다. 해양오염 환경보호 협력체제 구축

　대한민국해군 제6항공전단이 2000년 제5회 환경의 날 대통령 부대 표창을 받은 바 있다. 이와 같은 부대표창 배경은 평시 해상에서 초계작전을 수행하는 P-3C 항공기 조종사가 초계임무 수행 중 우리 연안을 항해하는 영국 화물선에서 오염물질이 배출되는 현장을 목격하여 항공사진 촬영 등 물증을 확보한 후 의법 조치를 했기 때문이다. 이것은 단순한 부가임무 수행에 불과하지만 그 결과는 국민의 군대로서 중요한 역할을 수행한 것으로 평가되었다. 이와 같이 부가임무 수행으로 인하여 기본임무 완수에 영향을 받지 않는다면 군(軍)은 국가와 국민의 재산과 생명을 보호하는 포괄적 임무를 수행함이 마땅하다고 본다.[360]

　또한 과거에 발생한 여러 경우의 유류 유출사고나 최근 태안 앞바다 사고를 보면서 한 가지 의문을 품게 되었다. 사고가 발생한 이후 피해를 최소화할 수 있는 응급조치 혹은 특단의 대책은 없었을까? 선박에 탑재된 원유의 양과 시간당 유출량을 계산하게 되면 시간의 경과에 따라 얼마나 큰 재앙이 우리 앞에 다가온다는 것을 예측할 수 있다. 해양오염은 예산과 장비를 투입하여 단기간에 복구가 가능한 태풍이나 지진과 같은 천재지변과 성격이 다르다. 1995년 7월 23일 전남 여천 앞바다에서 발생한 씨프린스호 원유 유출사고[361]의 경우,

---

360) 최근 5년간 재난복구 병력지원 실적(단위, 천 명): 2004년(232), 2005년(214), 2006년(337), 2007년(182), 2008년(189), 총계: 1,154천 명(국방부 2008, 230).

사건 후 10년이 지난 2005년에도 침몰해역의 밑바닥에서 기름띠가 발견된 것으로 확인되었다. 2007년 12월 7일 태안 앞바다 사고 후 원유가 뭉친 타르 덩어리는 태안에서 점차 빠르게 확산되어 12월 30일 전라남도 해안에서도 발견되었으며 2008년 1월 3일 타르 덩어리는 급기야 제주도 북쪽 추자도에서도 나타났다. 이로 인해 그동안 염려하던 남해안 확산 우려가 현실로 다가왔지만 정부에서는 뚜렷한 대응책을 내놓지 못하고 있었다. 대형 원유 유출사고가 이렇게 환경을 파괴하고 국민의 생업에 심각한 영향을 미친다는 사실을 미리 예측하였다면 정부가 사전 대응을 이렇게 소홀히 하지 않았을 것이다.

이와 같은 현실적 문제점을 한·일 양국 해군이 다음과 같이 협조하면 상당부분 예방 또는 최소화할 수 있을 것이다. 또한 이와 같은 임무수행은 평시 군의 역할을 부각시킴으로써 각국 해군력 건설에 국민적 지지가 될 수 있을 것으로 판단된다.

먼저, 양국 해군 해양환경 보호 협의체를 구성하고 각국 해군(해상자위대)의 협의체 의장은 양국 해군 군수참모(장비) 부장으로 한다.

둘째, 상호 해상환경보호 관련 업무회의를 해상 현장(艦上)에서 매년 1회(필요시 협의하에 수시로) 실시하며 양국이 교호로 주관한다.

셋째, 상대국에 영향을 미칠 수 있는 해양오염 사고에 대해 신속히 전파할 수 있는 정보교류 체제를 유지하고 수시 환경 관련 정보를 실시간 교류한다.

---

361) 1995년 7월 23일 전라남도 여천군(현 여수시) 앞바다에서 LG칼텍스정유(현 GS칼텍스)사의 키프로스 국적 14만 톤 유조선 씨프린스호는 태풍이 여수 해상을 비껴갈 것으로 기대하고 무리하게 항해하다가 군남면 소리도 덕포해안 동쪽 8km 해상 암초에 좌초됨. 당시 전남 여천군이 집계한 자료에 의하면 유출사고 피해는 231건, 3,295ha, 204km의 해상과 73km의 해안이 오염됨. 여수 소리도 주민과 환경단체는 12년이 지난 2007년에도 잔존 유분이 발견되고, 어족자원이 감소되었다고 주장(두현경 2005, 34).

넷째, 양국 해군은 대형사고 긴급 대응부대(조직)를 평시 운용한다.

대형 해난사고 발생 시 긴급후속조치를 취할 수 있는 전문 부대(조직)[362]를 평소 운영하고 수시 실전에 대비한 연합훈련을 실시한다. 사고 발생 시에는 지체 없이 상호 지원하며 해난사고 국가 부대(팀)장이 통합 지휘한다.

한·일 양국 간에는 1999년부터 수색 및 구조훈련(SAREX)을 실시해 왔기 때문에 이와 같은 협력체제의 개념발전은 어렵지 않을 것으로 생각된다.

바다는 오염물질의 종점이자 최후의 축적지이다. 방대한 양의 바닷물 때문에 해양은 무한한 희석능력을 지녔다고 생각하기 쉬우나 해양의 물리적인 과정은 오랜 시간이 경과한 후에도 그 영향이 지속된다. 해양의 역할은 세계 인구의 식량 공급뿐 아니라 급격한 기후변화에 대한 완충과 운송수단, 다양한 광물과 생물의 보고(寶庫)로서 매우 중요한 존재이다. 이러한 해양의 이용은 최근 생활쓰레기와 산업폐기물의 투기장소로까지 확대되고 있다. 이론상 해양의 정화능력은 이러한 폐기물을 모두 희석시킬 만큼 크지만 오염물질의 유입 근원과 가까운 연안에서는 미처 희석되기 전에 피해가 일어난다. 한·일 양국 간에 바다라는 운동장을 공유하는 입장에서, 항상 깨끗한 바다환경이 유지될 수 있도록 양국 해군이 기본 임무에 부가하여 새로운 임무로 채택한다면 이것은 21세기 선진해군으로서 매우 의미 있는 선택이라고 생각된다. 군(軍)의 존재가치를 높이기 위해서는 평시에 국민에게 가까이 갈 수 있는 역할을 개발해야 한다.[363]

---

362) 한국 해군의 경우 해난구조대(SSU) 요원 중에서 특별 교육을 이수하여 자격을 부여하고 평소 기본임무 수행과 병행한다.

라. 첨단무기체계 운용을 위한 군사기술 교류

한·일 간의 군사협력에서 공동훈련이라든가 군사전략정보의 교환 등은 부분적으로 협력해 오고 있다. 한·일 해군 협력사에서도 언급되었지만 한국의 입장에서 가장 관심이 큰 분야는 군사기술교류라고 볼 수 있다. 일본은 전후(戰後) 꾸준히 군사기술을 축적하여 바야흐로 외국에 수출할 수 있는 충분한 수준에 이르러 있어도 국내의 무기 수출금지 3원칙에 묶여 그야말로 엄청난 수출기회를 얻지 못하고 있다. 잠수함 구난함이 450m까지 내려갈 수 있는 능력을 확보했을 때 '이들 과학 장비도 외국에 수출할 수 없는가'를 고민하고 있는 것이 일본 방위산업체들의 열망이다.[364]

한국도 미국과의 관계로 인하여 무기체계의 개발과 수출에 있어서 제약을 많이 받아 왔지만 최근에는 점진적으로 완화되어 개발과 수출의 영역을 단계적으로 확충해 나가고 있다.

한국 해군은 전후(戰後) 창군과정에서 일본 해군의 일부전력이 전환되어 기반이 되었고 구 일본 해군에게 초기 함정운용 교육을 이수받은 것은 해군기술협력의 역사적 기원으로 볼 수 있다. 또한 한국

---

363) 환경은 삶의 질을 결정하는 중요한 요소이다. 한국을 포함한 세계 각국은 환경과 경제사회 간에 균형을 이루는 '지속 가능한 발전'을 지향하고 있다. 이러한 추세에 맞추어 국방부는 친환경적인 군 운영을 위해 다양한 노력을 펼치고 있다. 특히 환경 오염방지 사업 확대 추진으로 각급 부대는 환경 관련 법령에 규정된 환경오염 방지시설을 설치하고, 이미 설치·운영하고 있는 노후 설비를 개선하는 등 친환경적으로 부대를 관리하고 있다. 2007년 말을 기준으로 수질 오염 방지시설 3,716개소가 각급 부대에 설치되어 운영되고 있다. 또한 유류 오염을 방지하기 위해 군부대 내 자동화 누유감지기, 방유 턱 등을 설치하였다. 유류저장시설 주변에 대한 오염도를 주기적으로 검사하여 토양오염이 확인되면 빠른 시일 내 정화 사업이 시작되도록 하고 있다. 이 외에도 국방부에서는 재난관리를 위하여 재난 예방 및 대비태세를 확립하고, 긴급구조 및 복구지원 업무를 추진하며, 국방 재난관리 발전 방향을 제시하고 있다(국방부 2008, 223~231).

364) 김경민. "한·일 군사협력: 군사 기술 교류 시급하다", p.41.

해군 최첨단 무기체계(이지스함, P-3C 등)를 선정함에 있어서 연합작전의 호환성 등을 고려하여 미국과 일본이 보유한 무기체계를 채택하였다. 2000년 이후부터 국방과학연구소(ADD) 중심으로 한·일 간 기술교류가 시작되었지만 아직 걸음마 단계이므로 그 협력의 범위와 수준을 향상시킬 필요가 있다. 따라서 한·일 간에 해군 관련 기술협력을 다음과 같이 제안한다.

먼저 한·일 간 기술협력체제 구성은 기존 한국 국방과학연구소(ADD)와 일본 기술연구소(TRDI) 간 협력체제를 근간으로 하여 분야별로 양국 해군요원을 비상근위원으로 포함시킨다.

둘째, 현재 상호 간에 실시하고 있는 비전투 분야 해상훈련이 나아가 전투 훈련으로 발전될 수 있도록 무기체계나 장비의 상호 운용성 확보 차원에서 운용이나 정비에 관한 양질의 기술교류를 확대해 나간다.

셋째, 한·일 해군의 전력운용상 큰 부담으로 대두되고 있는 정비 유지비를 최소화하기 위하여 분야별 양국 간 컨소시엄(consortium) 형태의 연구개발 체제로 발전시킨다.

넷째, 주요 무기체계의 개발과 성능 향상을 위한 공동연구를 실시하고 적정 수준까지 최신 기술정보를 상호 공유토록 협력체제를 유지한다. 양국 해군 분야 기술 교류 확대 영역은 <표 4-1>과 같다.

양국 해군 협력 분야 중에서 한국 해군 입장에서 제일 절실한 부분이 군사기술 교류이다. 한국 해군이 최근에 전력화하고 있는 최첨단 장비와 무기체계는 고도의 운용 및 정비기술을 요한다.

〈표 4-1〉 한·일 해군 분야 기술 교류 확대 영역

핵심기술	무기체계

• 로켓 추진기술
  (램제트, Ducted 로켓, Hybrid 로켓)
• 유도기술
  (광파, 전파, 영상 anti-radiation, 밀리미터파)
• 탐지기술(적외선, 레이저, 적위선 탐지소자)
• 함정엔진개발 및 시험기술
  (공격/추진 연구 시설)
• 첨단소재기술
• 음향, 자기(磁氣) 기술
• 정보, 통신기술(통신 ECM, 암호통신)
	• 유도무기(艦對艦,艦對地,潛對地,空對艦)
	• 미사일 방어(MD)체계
	• 항공무기(해상초계기, 대잠헬기,)
	• 수중무기
	  (소나, 음탐시스템, 잠수함, 어뢰 무인잠수정)
	• 정보, 전자전
	  (통신전자 방해시스템, Conformal 레이더)

자료출처: 『한국 ADD 제공』

    언젠가는 한국 해군이 모든 기술을 습득할 수 있겠지만, 가급적 단기간 내에 기술을 습득하여 정비수준을 향상시키고 기량을 최고도로 발휘하려면 일본과 군사교류를 하는 것이 가장 효율적인 방법이라고 할 수 있다.

    결과적으로 최첨단 기술을 보유한 일본과의 군사협력은 기술교류를 확대해 나갈 때 한국은 방위산업뿐만 아니라 민간사업에도 그 영향이 미쳐 상승효과를 기대할 수 있게 된다.

V.
맺음말

　1965년 국교정상화 이후 한국과 일본은 상호 간의 국가이익과 번영을 위하여 정치·경제·문화 등 여러 분야에서 교류가 활발하게 이루어져 왔지만 안보 분야를 포함한 일부 영역에서는 여전히 큰 진전을 보이지 못하고 있다. 한·일 관계가 '식민-피식민', '지배-피지배'라는 역사적 굴레 속에서 가깝다고 하기에는 너무 멀고, 멀다고 하기에는 너무 가까운 두 나라가 지난 과거사를 제대로 청산하지 못하면 21세기 통일한국과 동북아의 공존공영으로 나아가는 데 바람직한 상황은 아니다. 또한 한국은 일본과 영원히 함께할 수밖에 없는 지정학적 숙명성(宿命性), 그리고 정치·경제·군사 등 여러 분야에서 국제적 위상을 고려하여 관계개선을 위한 전략적 선택을 할 필요성이 대두되고 있다.

　탈냉전 이후에도 남북관계는 여전히 화해와 교류협력, 정전체제의 평화체제로의 전환이 쉽사리 이루어지지 않고 있다. 한·미 동맹체제와 주한미군은 지난 반세기 동안 한반도에서 북한의 안보위협으로부터 자유로울 수 없는 우리의 생존을 지켜 주는 유일한 방패 역할을 했다. 그런 의미에서 한·일 양국은 1950년 한국전쟁을 계기로 한·미 상호방위조약과 미·일 안보조약의 틀 속에 편입되어 미국을 매개로 하는 간접적인 한·일 협력에 만족해야만 했다.

그러나 최근 한반도를 중심으로 안보환경은 크게 변해 가고 있다. 신 미·일 방위협력지침에 따른 미·일 안보조약의 성격과 역할도 양국 간 군사협력에 커다란 변화를 요구하는 실정이다. 하지만 제3장에서 평가한 바와 같이, 현재에도 해상 수색구조 훈련 등 비전투 분야의 연합훈련, 제한된 정보교류, 군 인사 및 요원의 교류, 공개된 기술자료 교환 등의 군사교류가 이루어지고 있지만, 이러한 군사협력의 수준은 1965년 국교정상화 이후 본격적으로 시작한 양국 군사교류의 역사에 비추어 볼 때 기대에 미치지 못하고 있다. 즉 지금의 군사협력 수준으로는 변화된 안보환경의 포괄적 위협에 대응하기에는 부족할 실정이다. 지금까지 추진해 온 평화목적의 훈련이나 제한된 수준의 정보 및 기술교류만으로는 유사시 국가안보를 위한 준비로는 부족하다. 물론 일본의 평화헌법 등이 외형상으로는 장애요소가 될 수 있지만 1955년 사세보(佐世保) 항 소해연합훈련으로 시작한 미·일 군사협력의 경우는 상호 간에 미사일방어(MD)체제까지 구축하는 조치를 함으로써 이를 극복하였다.[365] 따라서 한·일 해군 협력에도 시대에 부응하는 포괄적 안보방안을 강구하여 미래에 대비할 필요가 있다.

본서에서는 한·일 간 군사협력의 일반적 전제조건을 '호혜성'과 '인식전환'이라고 보았다. 한국 해군이 이지스 시대에 진입하면서 '호혜성' 부분은 괄목할 정도의 능력을 구비하게 되었으며 양국 국민 상호 간의 인식도 시간의 흐름에 따라 점진적으로 개선되고 있다. 문제는 한 단계 발전된 협력을 추진하기 위해서는 한·일 간 뿌리 깊은 배타적인 역사인식을 쇄신해야만 한다는 것이다. 이를 위해 다음과

---

365) 국방정보본부, 「2008일본방위백서」, pp.194~195.

같이 양국 해군 변천과 협력과정의 역사에서 창군과정의 동질성, 한
국전쟁을 통한 우호관계, 해군임무의 공통성, 상호 운용성 등 협력의
촉진 요인을 발견할 수 있었다.

첫째, 양국 해군 창군과정의 동질성이다. 한국 해군은 창군에 필요
한 일부 함정과 이를 운영하기 위한 기술을 일본 해군으로부터 전수
받았으며 한국 해군 조함의 효시(嚆矢)라고 할 수 있는 '충무공정'도
골격은 일본 기술진에 의하여 만들어졌다. 또한 양국 해군은 초기 기
반을 구축하기 위하여 미국 해군으로부터 제반 제도와 군사지식을
전수받아 여러 면에서 동질적 요소가 내재되어 있다.

둘째, 한국전쟁을 통한 우호관계의 형성이다. 한·미관계나 조·중
관계의 친밀도 근원은 한국전쟁이나 인도차이나 전쟁에서 생사고락
을 함께한 우호의식이 내재되어 있다. 한국전쟁에서 일본의 특별 소
해작전 참전과 연이어 진행된 흥남철수 작전 지원이 후속 전쟁 상황
에 중요한 역할을 하였기 때문에 JMS-14호정의 침몰로 인한 사고(1
명 전사,18명 부상)는 상징적인 희생을 넘어서 더욱 의미 있는 역사적
우호관계로 재평가할 수 있다.

셋째, 양국 해군 임무수행의 공통성이다. 한·일 해군 변천사에서
확인할 수 있듯이 양국은 안보 공유영역이 존재하며 역사적으로도
'한국조항'을 통하여 한국의 안전이 일본의 안전임을 확인하였다. 즉
일본과 한국은 지정학적으로 주변 강대국이나 북한의 핵과 미사일로
부터 위협의 대상이며, 남해와 동해라는 안보 공유영역이 존재한다.
이러한 임무의 공통성은 양국이 주변 위협에 공동으로 대응함으로써
방위비도 최적화(最適化)할 수 있다.

넷째, 양국 해군은 상호 운용성이 높다. 한·일 해군은 주요 무기

체계의 많은 부분이 동일하고 각각 미국 해군과 교류하여 연합작전 능력을 향상시켜 왔다. 즉 양국 해군은 이지스구축함을 포함하여 많은 주요 전력이 동일하거나 유사하여 연합훈련 등 협력임무 수행에 효과적이다. 또한 양국 해군은 일찍이 선진해군 전술을 배우기 위해 미국 중심의 군사교육을 이수해 왔고, 미국 해군을 파트너로 장기간 연합작전능력을 배양해 왔기 때문에 연합작전을 위한 상호 운용성이 매우 높다. 또한 양국 해군의 전력운용 및 건조능력의 차이(gap)도 시대의 흐름에 따라 급격히 단축되고 있으며 이와 같은 요인도 상호 운용성의 긍정적인 요인으로 평가된다.

이상과 같은 양국 해군의 '역사적 기원과 상호 관계'를 기반으로 미래협력을 추진한다면 한 단계 발전된 협력관계가 형성될 수 있을 것이다. 발전된 협력관계의 수준은 현재의 비전투 부분의 훈련과 제한된 분야의 교류에서 국가안보 등 포괄적 위협에 대응하기 위하여 총체적인 대응체제를 확립하는 것이다. 즉 지금까지는 인도적 차원의 협력에 한정되었지만 앞으로는 국가안보를 위한 협력단계로 발전시켜야 한다. 따라서 한 단계 발전된 해군 협력이 추진되기 위하여 해군과 일반 국민들의 의식이 변화되어야 하고 정책결정자의 의지가 따라야 한다.

향후 해군 협력은 양국 해군에 부여된 임무와 보유한 무기체계 수준에 상응하는 관계를 형성하고 이에 걸맞은 연합훈련이 요망된다. 구조 및 탈출훈련 등 비전투영역의 훈련에서 벗어나 포괄적 임무수행능력을 구비할 수 있는 실전 대비훈련을 해야 한다. 즉 첨단 무기체계의 성능을 최대로 활용할 수 있는 안보중심의 협력으로 발전해야 한다는 것이다.

이같이 한 단계 발전된 해군 협력을 구체적으로 실현하기 위하여 다음과 같이 발전방안을 제시한다.

첫째, 공동 위협에의 적극적 대응이다. 안보위협에 대한 군사대비는 추호도 소홀함이 없도록 국가가 보유한 군사력은 국가안보를 위해 가장 효과적으로 최고의 성능이 발휘되도록 해야 한다. 인접국가 간 해군 협력을 통하여 최첨단 전력의 시너지 효과를 상승시키는 것은 시대적 요구이다.

둘째, 해로안보에의 능동적 대응이다. 일본과 한국 간에 있어서 지정학적으로 해로안보가 국가적 사활이 걸린 문제라고 해도 과언이 아니다. 9·11테러 사태 이후 초국가적 위협에 대한 국제 협력의 필요성이 높아지고 있고 현재도 소말리아 근해 해적 퇴치가 국제적 관심사가 되어 있다. 특히 양국은 호르무즈-말라카-남지나를 연하는 긴 원유수송로(SLOC)를 이용하고 있으며, 이 또한 어느 한 나라가 독단으로 보호할 수 없다. 따라서 해로안보에 공동협력은 매우 중요하고 시급한 사안이다.

셋째, 해양환경보호 협력체제 구축이다. 해군의 임무와 역할이 경제안보적으로 확대되어 가고 있다. 최근에 크고 작은 해양오염사고를 접하면서 해양오염이 인간에게 미치는 영향이 얼마나 다대한지를 경험한 바 있다. 한국과 일본은 물동량이 많은 대한해협을 국경으로 하고 있으므로, 이 해역에서 대규모 오염사고가 발생할 경우 양국에 동시에 피해를 주게 된다. 따라서 해양환경보호는 시대가 요구하는 안보의 중요한 포괄적 임무이다.

넷째, 첨단무기체계 운용을 위한 군사기술교류이다. 무기체계가 첨단화됨에 따라 이에 따른 운용기술의 발전이 중요한 관심사로 대두되었다. 일본의 군사기술은 우리와 비교할 수 없을 정도로 선진화되었으며, 지구촌의 최열강인 미국의 주요무기체계도 일본의 기술을 기반으로 하고 있다. 군사기술교류는 특별히 한국 해군 입장에서 절실히 요망되는 협력 분야이다.

동북아의 전략적 유동성이 증대되고 있고 북한의 핵 및 미사일 위협이 현실적으로 부각되고 있는 상황에서 일본과의 해군 협력 관계를 증진시키는 것은 북한의 위협을 억제하는 주요한 수단이 될 것임은 분명하다. 비군사적 포괄위협에 대해서도 주변국가 간 협력이 중요하기 때문에 필요성은 더욱 증대된다고 볼 수 있다.

역사는 반복된다고 하였으니, 희망찬 미래를 열기 위한 해답을 역사에서 찾는 것은 의미가 있다고 본다. 일본에서도 양국 관계 개선의 긍정적인 조짐이 많이 나타나고 있다. 2009년 8월 24일 명성황후 시해사건 110년 만에 당시 범인들의 후손들이 한국을 찾아 사죄하는 모습이 아사이 TV를 통해 일본 전역에 방송되었다.[366] 이 내용이 일본 지상파 TV방송 중 시청률이 가장 높은 아사이 TV방송국에서 전국에 방송되었다는 것은 '일본인들의 의식이 부끄러운 역사를 수용할 정도로 성숙되어 가고 있다'는 것을 알 수 있다. 통계적으로도 한국인에 대한 긍정적인 인식이 점점 증가되는 것으로 나타났다.

일본에 대한 한국인의 위상도 부분적인 기복은 있었지만 전체적으로는 점점 개선되고 있는 것 또한 사실이다. 다만 부정적인 과거사는 반드시 기억하되 양국 간 미래지향적인 관계는 다른 축으로 발전시켜야 한다. 한·일 양국은 공동위협에 대한 지리적 근접성과 미국과의 관계 등을 고려할 때 적극적 교류가 불가피하다면 상생(相生)의 전략을 구사하는 것이 지혜로운 처사이다.

---

366) 「조선일보」, 2009년 8월 24일.

참고문헌

가. 단행본

강영호. 2000. 『한 · 일 가상 독도 해전』. 연경문화사.

공군본부. 2006. 『공군작전용어사전』. 공군본부.

국방대. 1985. 『방위학 개론』. 국방대.

______. 2005. 『안보관계용어집』. 국방대.

______. 1997. 『안전보장이론』. 국방대.

국방부. 2008. 『군수용어사전』. 국방부.

국방부(군사연구소 편). 1998. 『건군50년사』. 국방부.

______________________. 1995. 『일본 자위대』. 국방부.

국방부(전사편찬위 편). 1984. 『국방사(’45.8~’50.6)』. 국방부.

______________________. 1984. 『국방사(’50.6~’61.5)』. 국방부.

김경민. 1995. 『일본이 일어선다』. 고려원.

김민석 외. 2008. 『신(神)의 방패 이지스』. 플래닛 미디어.

김상기. 1997. 『한말(韓末) 의병연구』. 일조각.

김영작. 2006. 『근대 한 · 일 관계의 명과 암』. 백산서당.

김정용. 2008. 『국제정치의 이해』. 동화출판사.

김진현. 2006. 『일본 친구들에게 정말로 하고 싶은 이야기』. 한길사.

김호섭. 1997. 『21세기 한 · 일 관계』. 법문사.

김창수 외 1998. 『미 · 일 신방위협력 지침에 따른 대일(對日) 군사협력 사항 및
        제한사항』. KIDA.

김현기. 1999. 『국가경제와 해양안보』. 해양전략연구소.

말콤 카글 외. 2003. 『한국전쟁해전사』. 신형식 역. 21세기 군사연구소.

민병태 외. 1968. 『정치학 사전』. 문영각.

박실. 1980. 『한국외교비사』. 기린원.

박주경. 1996. 『탈냉전시대 동북아 군사협력 관계: 특징과 유형』. 국방대.

배달형. 2005. 『미래전의 요체 정보작전』. KIDA.

세르게이 고르시코프. 1999. 『국가의 해양력』. 임인수 역. 책세상.

송영우. 1990. 『현대외교론』. 평민사.

신우용. 2006. 『한·일 안보동맹―새로운 한·일 관계를 향하여―』. 양서각.

오기평. 1998. 『한국외교론』. 오름.

오진근 외. 2006. 『해군 창설의 주역 손원일 제독』. 한국해양전략연구소.

유영렬. 2006. 『한·일 관계의 새로운 이해』. 경인문화사.

윤현근. 2002. 『국방정책의 개념과 결정과정』. 도서출판 오름.

이기택. 1983. 『국제정치와 외교정책』. 대왕사.

이상우. 1999. 『국제관계이론』. 박영사.

이선근. 1963. 『한국사현대편』. 을유문화사.

이숙종. 2001. 『전환기의 한·일 관계』. 세종연구소.

이원덕. 2002. 『전후(戰後) 일본의 안보정책』. 중심.

이필중. 2004. 『군사동원론』. 국방대.

장기표. 2007. 『북한 위기의 본질과 올바른 대북 정책』. 신명사.

정인홍 외. 1980. 『정치학 대사전』. 박영사.

정정길. 1996. 『정책학 원론』. 대명출판사.

조기준. 1984. 『일본의 침략정책사』. 일조각.

조영갑외. 2000. 『국방정책과 제도』. 국방대.

중국국방대. 2001. 『중국전략론』. 박종원·김종운 역. 팔복원.

최경락 외. 1989. 『국가 안전보장 서론』. 법문사.

최기홍. 1994. 『한·일 군사관계의 발전 방향』. 국방대.

최종기 편. 1998. 『한국 외교 정책』. 국제관계연구소.

한국전략문제연구소. 2006. 『동북아 전략균형』. 양서원.

_________________. 2007. 『동북아 해로안보』. 한국전략문제연구소.

한계옥. 1994. 『일본·일본군 어디로 가려는가』. 돌베개.

한동만 외. 2003. 『다자간 안보정책의 이론과 실제』. 서문당.

한용원. 1984. 『창군』. 박영사.

함명수. 2007. 『바다로 세계로』. 한국해양전략연구소.

황병무. 2003. 『21세기 한반도 평화와 편승의 지혜』. 오름.

해군대학. 2000. 『한국해전사』. 해군대학.

해군본부. 1954. 『대한민국해군사』. 해군본부.

_______. 1995. 『바다 그리고 해군』. 해군본부.

_______. 1996. 『사진으로 본 해군50년사』. 해군본부.

_______. 1997. 『일본·영국해군사 연구』. 해군본부.

_______. 2007. 『해군군사용어사전』 해참고 1. 해군본부.

_______. 2007. 『대한민국해군 기본교리』. 해군본부.

해군전발단. 2004. 『해양전략 용어해설집』. 해군전발단.

현대송. 2008. 『한국과 일본의 역사인식』. 나남.

후지와라 아카리. 1994. 『일본 군사사(軍事史)』. 엄수현 역. 시사일본어사.

Bergin. Anthony. 2002. *East Asian Naval Developments*: Sailing into Rough Seas. Marine Policy 26.

Blair. Dennis C., John T. Hanley Jr. 2001. *From Wheels to Web: Reconstructing Asia − Pacific Security Arrangements*. Washington Quarterly.

Clausewitz. Carl Von. 1976. *On War*(eds. and trans. By Michael Howard and Peterparet). Princeton Univ. Press.

Hosokawa, Morihiro. 1998. *Are U. S. Troops in Japan and Korea*. Foreign Affairs.

James Cable. 1994. *Gunboat Diplomacy 1919~1991*: Political Applications of Limited Naval Force. The Macmillan Press.

Julian Lider. 1983. *Military Theory*. Gower publishing Company.

Klaus Knorr. 1970. *Military Power and Potential*. Princeton Univ. Press.

Lee. Chae−Jin, Hideo Sato. 1998. *U. S. Policy toward Japan and Korea*. Preager.

Marius B. Jansen(加藤幹雄譯). 1999. 『日本と東アジアの隣人: 過去から未來へ』. 岩波書店.

Mathias. 1996. *Die Reform der Europaischen Union*. Bundeszentrale fur politische Bildung.

Stephanie G. Neuman, eds. 1984. *Defense Planning in Less −Industrialized State, 8 −11. Lexington*. D.C. Health and Company.

大久保武雄. 1978. 『海鳴りの日日』. 海洋問題研究會.

服陪實. 1981. 『防衛學槪論』. 東京 原書房.

申維翰. 1974. 『海游錄: 朝鮮通信使の日本紀行』. 姜在彦 譯. 平凡社.

五百旗頭. 2001. 『戰後日本外交史』.

나. 논문 및 정기 간행물

구본학 외. 2006. "일본의 보통국가 추진 상황하 한 · 일 군사관계 발전방향", 『국방부 정책용역 과제』. 국방부.

국방부. 1994. 『1994국방백서』. 국방부.

_______. 2003. 『한국적 군사혁신의 비전과 방책』. 국방부.

_______. 2006. 『2006 국방백서』. 국방부.

_______. 2008. 『2008 국방백서』. 국방부.

국방정보본부. 2007. 『2007 일본방위백서』. 국방정보본부.

__________. 2008. 『2008 일본방위백서』. 국방정보본부.

김경민. 1994. "한·일 군사협력: 군사 기술 교류 시급하다", 『한국논단 57호』. 한국논단.

김경필. 2002. "한·일 군사협력방안에 관한 연구", 국방대 석사학위논문.

김기호. 2005. "일본의 신 방위대강 개정에 따른 한국의 대응방향", 『해양전략논총』 제7집. 해군대학.

김대일. 2007. "한·일 안보협력에 관한 고찰", 서강대 공공정책대학원 석사학위논문.

김동주. 2001. "한·일 안보협력방안에 관한 연구", 『정책연구보고서』. 국방대.

김봉섭. 2000. "한·일 해군 협력에 관한 연구", 고려대 정책대학원 석사학위논문.

김성철. 2007. "일본의 방위성 승격과 안보정책변화", 『정세와 정책』 2월호. 세종연구소.

김진황. 2003. "한국 해군과 일본 해자대간 교류협력 현황과 발전방향", 창원대 행정대학원 석사학위논문.

김영춘. 1996. "21세기 군사강국 향한 군사력의 선진화: 일본의 신방위계획 대강", 『통일 한국』 145호. 평화문제연구소.

김은환. 2007. "동북아해역 해양환경보전을 위한 국제협력에 관한 연구", 부산대 대학원 석사학위논문.

김진섭. 2006. "일본의 군사대국화 현상이 한국 안보에 미치는 영향", 강릉대 경영·정책과학대학원 석사학위논문.

김태효. 2006. "한·일 관계 민주동맹으로 거듭나기", 『전략연구』 37호. 한국전략문제연구소.

김현수. 2006. "독도냐 다케시마냐?", 『해양전략』 131호. 해군대학.

김형수. 2004. "한·일 군사력 협력방안: 해군력을 중심으로", 『정책연구보고서』. 국방대.

_____. 2002. "일본방위 정책과 한·일 군사협력에 관한 연구", 동국대 행정대학원 석사학위논문.

김호찬. 1998. "2015년 일본의 해양력 증감에 관한 연구", 서강대학교 공공정책대학원 석사학위논문.

남창희. 1990. "신 방위협력 지침에 따른 자위대의 역할확대에 관한 연구", 『국제정치논총』 37집 3호.

두현경. 2005. "해양환경보호를 위한 동북아 협력에 관한 연구", 서울시립대

도시과학대학원 석사학위논문.

박동근. 2007. "독도 영유권에 대한 국제법적 고찰", 강원대 대학원 석사학위
　　논문.

박민규. 1997. "탈냉전 시대 일본의 방위정책",『국방논집』37호(봄). KIDA.

박주경. 1996. "탈냉전 시대 동북아 군사협력관계", 국방대 석사학위논문.

배정호. 2006. "일본의 안보전략과 해자대의 전력 증강",『학술총서』37호. 한
　　국해양전략연구소.

백운봉. 2005. "미국 동아시아 정책의 변화에 관한 연구", 국방대 석사학위논문.

송영선. 1999. "신 가이드라인 내용, 의도 그리고 한·일 간 협력",『일본학』18
　　집. 동국대 일본학 연구소.

양남승. 2005. "한·일 군사관계의 발전전망과 과제에 관한 연구", 연세대 행
　　정대학원 석사학위논문.

양봉희. 2004. "한반도에서의 미래전쟁 양상 판단 및 대비 방향",『군사평론』
　　368호. 육군대학.

유삼남. 1998. "한반도 주변 해군력과 대양해군",『해양21세기』. 나남출판사.

유영철 외. 2008. "2008년 동북아 안보정세 전망",『주간 국방논단』1184호.
　　KIDA.

이경숙. 1998. "한국의 대미 외교정책: 결정요인 분석을 중심으로",『한국외교
　　정책』. 국제관계연구소.

이기택. 2002. "일본의 해군력 증강과 한반도",『학술총서』22호. 한국해양전략
　　연구소.

이동영. 2002. "일본의 군사력 증강과 한국안보에 관한 연구", 경희대 행정대
　　학원 석사학위논문.

이대우. 2009. "2009년 국제정세",『정세와 정책』1월호(통권153호). 세종연구소.

이서항. 2006. "한국의 해로와 해로안보",『학술총서』37호. 한국해양전략연구소.

이승현. 2004. "일본의 군사대국화가 한국안보에 미치는 영향", 경희대 행정대
　　학원 석사학위논문.

이우혁. 2006. "자위대의 대외군사 활동 강화가 우리 군에 미치는 영향", 한남
　　대 행정정책대학원 석사학위논문.

이윤동. 2002. "동남아시아의 테러 현황과 대테러대책: 필리핀과 인도네시아
　　비교",『STRATEGY 21』Vol.5, No.2(Winter 2002). 한국해양전략연구소.

이원덕. 1996. "일본 정치지도자의 망언과 일본정계",『한국사시민강좌』. 일조각.

이한규. 2001. "일본의 첨단 군사력과 기술력", 한국전략문제연구소.

이홍표. 2002. "일본의 해양 전략과 21세기 동북아안보",『학술총서』22호. 한

국해양 전략연구소.

______. 2006. "해상교통로의 전략적 가치와 한국 해군의 역할", 『함상토론회』 11회. 한국해양 전략연구소.

장문석. 1996. "일본의 신 안보전략과 한·일 군사협력 방향", 『정책연구보고서』. 국방대.

장윤구. 2006. "일본의 군사적 보통국가화와 한국의 군사적 대응 방안", 한남대 행정정책대학원 석사학위논문.

정재정. 2005. "일본 신 방위정책이 한국안보에 미치는 영향", 전남대 행정대학원 석사학위논문.

전진호. 2005. "21세기 한·일 관계의 현안과 전망", 『한·일군사문화연구』 제3집. 한·일군사문화학회.

정호섭. 2007. "한국의 해로안보전략", 『학술총서』 45호. 한국해양전략연구소.

조학제. 1994. "한국전쟁시의 일본 소해부대", 『해양 전략』 제84호. 해군대학.

차주호. 2002. "미·일동맹 강화의 의미와 한국의 아이덴티 갈등", 『일본학보』 52집.

천관희. 2006. "일본 자위대 변화에 따른 방위정책연구", 전남대 대학원 석사학위논문.

최병국. 2006. "탈 냉전이후 일본의 방위정책 변화방향에 관한 연구", 국방대 석사학위논문.

최기홍. 1994. "한·일 군사 관계의 발전방향", 『정책연구보고서』. 국방대.

한용선. 1999. "한·일 안보 군사협력에 관한 연구", 『정책연구보고서』. 국방대.

한국전략문제연구소. 2002. "2002년 미국의 방위구상과 군의 변혁", 『전략연구』 제3호(2002). 한국전략문제연구소.

해군해양전략연구소. 2006. "21세기 해양갈등과 한국의 해양전략", 『학술총서』 37호. 한국해양전략연구소.

Adam J. Young and Mark J. Valencia. 2003. "Conflation of Piracy and Terrorism in Southeast Asia; Rectitude and Utility." *Contemporary Southeast China,* Vol.25, No.2(August 2003).

Ahie. Tamara Rence. 2004. "Security in Southeast Asia", *Issues and Insights,* Vol.4, No.4, 9.

Derek Johnson and Mark Valencia, eds., 2005. "Piracy in Southeast Asia, Status, Issues, and Response." *ISEAS.*

ICC-IBM. 1998. "Piracy and Armed Robbery Against Ships." *A Special Report.*

IISS. 1987~2008. *The Military Balance.* IISS.

Jane's INC. 1960~2008. *Jane's Fighting Ships*. Jane's INC.

JFCOM J9 Joint Futures Lab. 2002. "Toward a Joint Warfighting Concept: RDO Whitepaper Version 2.0."

John Baylis, Ken Booth, John gamett and Phill Williams, eds. 1987. *Contemporary strategy* Ⅰ*: Theories and Concepts,* 2nd ed, 263. Holms & Meier.

Joseph R. Morgan. 1988. "Strategic Line of Communication; A Military View" *International Navigation: Rocks and Shoals Ahead? 54.* Honolulu: The Law of the Sea Institute. University of Hawaii.

Katahara Eiichi. 1990. "The Politics of Japanese Defense Policy Makin, 1975 – 1989." Ph.d dissertation, Griffith University.

大山梓 編. 1966. 『山縣有朋意見書』. 原書房.

다. 인터넷 검색자료

http://cafe.daum.net/jpnplaza/CtLB/21.

http://blog.naver.com/jimw8282.

http://www.chosun.com.

http://enc.daum.net/dic100/contents.do?query1＝10xxx64131.

http://ref.daum.net/item/9439973.

http://blog.daum.net/ultrab/1165903.

http://blog.daum.net/671119kcm/120.

http://blog.daum.net/ysj8180/9314253.

http://cafe.daum.net/koreanvessel/FiOS/71.

http://bbs1.agora.media.daum.net/gaia/do/debate.

http://cafe.daum.net/hanryulove/KTsc/8704.

http://kr.blog.yahoo.com/shim4ro/267.

http://cafe.daum.net/JNUS/6FuH/61.

http://cafe.naver.com/gaury/6409.

http://blog.chosun.com/lsh09/4015997.

http://nationworld.kr/cncho/research/japan_data.

http://k.daum.net/view.html.

http://www.east – asia.or.kr/databank/data7.

http://cafe.daum.net/inamhs2315.

http://cafe.daum.net/ikclub/8FiV/8821.

hppt://.cafe.daum.net/duho.hs.DokDo/ktYD/12.
http://k.daum.net/qna/openknowledge/view.html.
http://bemil.chosun.com/nbrd/gallery/vie.
http://blog.naver.com/kjmma/1400773069904.
http://kjstin − nuri.com/15threport/paper3.hw.

임한규 ―――――――――――――――――――――――――――

해사 31기, 국방대학교 안보과정 졸업
경남대학교 정치외교학 박사
전북함장, 제21, 22전대장, 합참 정보작전과장, 제2전단장, 교육사부사령관
現)해군발전연구위원
　　협성대학교 겸임교수.

미래 지향적인
한·일 해군협력

초판인쇄 | 2011년 1월 18일
초판발행 | 2011년 1월 18일

지 은 이 | 임한규
펴 낸 이 | 채종준
펴 낸 곳 | 한국학술정보㈜
주　　소 | 경기도 파주시 교하읍 문발리 파주출판문화정보산업단지 513-5
전　　화 | 031) 908-3181(대표)
팩　　스 | 031) 908-3189
홈페이지 | http://ebook.kstudy.com
E-mail | 출판사업부　publish@kstudy.com
등　　록 | 제일산-115호(2000. 6. 19)

ISBN　　978-89-268-1844-2 93390 (Paper Book)
　　　　　978-89-268-1845-9 98390 (e-Book)

내일을여는지식 ■ 은 시대와 시대의 지식을 이어 갑니다.